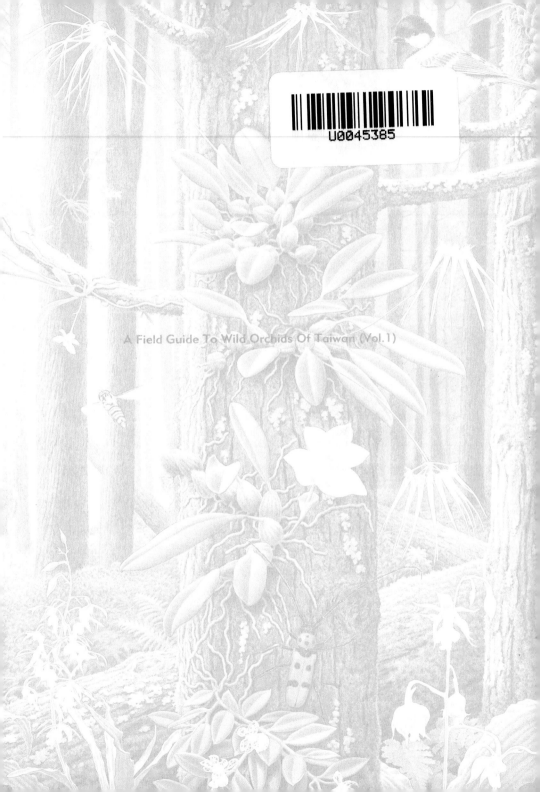

A Field Guide To Wild Orchids Of Taiwan (Vol.1)

大樹經典
自然圖鑑系列
03

台灣野生蘭

A Field Guide To Wild Orchids Of Taiwan (Vol.1)

賞蘭大圖鑑（上）

林維明◎著

台灣野生蘭目錄

第一章
認識台灣野生蘭

第二章
野生蘭的家

第三章
尋訪蘭蹤經驗談

第四章
野外賞蘭大圖鑑

作者序

記得二十餘年前還在當學生的時候，台北市建國高架橋剛建成，而花市尚未成立，每逢周末，橋下常有蘭商及原住民朋友販售山採的野生蘭，成堆的蘭花攤在地上，石斛、豆蘭、蕙蘭……，還有一大堆不認識的蘭種，吸引了我駐足端詳老半天，當時原本喜歡栽培花草灌木，但見蘭販的野生蘭裸露根部而不必馬上種起來，依舊綠意盎然活得好好的，覺得很神奇，認為蘭花是很特別的植物，初識的印象宛如魔力般引起我對台灣野生蘭的摯愛，這股熱情如今依然澎湃，只要有空總是到花市去尋寶，不然就往山裡去探秘。

經多年接觸台灣蘭科植物，並研讀本土蘭學前輩蘇鴻傑教授、林讚標教授、周鎮先生、柳重勝博士等的著作，及大專院校收集的研究報告，多次請教對本地野生蘭生態頗為熟悉的謝振榮先生與何富順先生，對於在地的蘭花認識漸趨成熟，四年前有了出書湊熱鬧的念頭，基於這樣的想法，從一九九九年起連續三年，幾乎每逢周末或假期便與愛好大自然及攝影的二哥結伴前往各地山林尋訪野生蘭，拍攝生態照片，一路走來竟也來回了山區150趟以上，車行約45000公里，經過如此的歷程，終於達到足堪成書的內涵。更因為親臨台灣溪澗林野，有幸享盡各式奇花野草，也邂逅許多昆蟲鳥獸，體會了美麗的福爾摩莎自然生態是何等的豐富多樣，101屬多達322種以上的蘭花便是絕佳的見證，對這一片生機盎然的土地益增愛慕之情。

本書得以付梓，首要感謝大樹出版社重視本土自然生態的推廣，甘願付出心力與毅力，努力催促作者成書，歷經兩年多的慢牛拉車，終於走完全程，如果有幸獲得讀者的青睞，居功者首推社內優秀編輯團隊，他們才是本書畫龍點睛的關鍵。同時要感謝我的二哥林緯原在過程中全程參與，由資深的賞鳥人改行作熱誠的愛蘭者，結伴在陰森浩瀚的山野間穿梭，若不是他對大自然的熱愛，不時催促我往山裡跑，有些可遇而不可求的生態照恐怕無緣呈現。當然也要感謝許許多多愛蘭同好，熱心提供生態資訊，願將細心栽培的美麗野生蘭提供拍攝，使本書益增光采。

第一章
認識台灣野生蘭

十步之內必有芳草

台灣位處亞熱帶地區，為北回歸線所穿越，適合蘭科植物生長的環境極多，加以境內山巒疊起，地勢陡峭，最高的山峰近4000公尺，包括熱帶至亞寒帶之氣候相便濃縮在這座島上，其物種之多樣性不言可喻，在台灣3600餘種維管束植物當中，蘭科是最大的植物族群之一，約佔其中的十分之一。

在北部低海拔山區，台灣根節蘭是林間容易遇到的大型地生蘭，常生成大叢，此起彼落散佈一地，在棲身的環境中成為優勢蘭種。

蘭科植物遍布台灣各地，舉凡近海平面向陽地的綬草、白及和禾草芋蘭，低海拔濕熱環境裡有白鶴蘭、心葉葵蘭、凡尼蘭、虎紋蘭和蝴蝶蘭等眾多熱帶、亞熱帶蘭花，中海拔溫帶林內孳生著鹿角蘭、石斛、豆蘭和松蘭等喜愛涼爽氣候的種類，為重要蘭種薈萃之精華所在，而亞寒帶高山上的喜普鞋蘭、粉蝶蘭、小蝶蘭和雙葉蘭等地生蘭可算是島上的不速之客，這些繁衍於較高緯度的耐寒植物，衝著台灣有高山充當它們的冷藏櫃，心甘情願地在這裡安頓下來，有的更演化成特有種，如台灣喜普鞋蘭與寶島喜普鞋蘭即是。

台灣蘊育的各種蘭花，以不同的風貌出現，有的長在地上，如罈花蘭、金線蓮、根節蘭、斑葉蘭和

豹紋蘭總給人「高高在上」的感覺，經常附生在大樹主幹上段或樹梢粗枝上頭，要看它總需引頸仰望才行，它是一種很有原則的植物，只選擇原始闊葉樹為家，且十之八九是在巨大的楠木上，是低海拔較常見的大型氣生蘭。

玉鳳蘭，有的附生在岩面，如長葉羊耳蒜、一葉蘭等，也有攀在樹上的，如絨蘭、香蘭、風蘭和暫花蘭，還有少數的腐生蘭，將大部分的歲月埋首於昏暗的地表下，只在傳宗接代時，才把花莖伸出土面，這樣的植物有山林無葉蘭、高士佛上鬚蘭、赤箭和山珊瑚等。蘭花的植株高度也是大異其趣，像紅盔蘭、蜘蛛蘭、侏儒蘭、小騎士蘭等的身軀僅1、2公分而已，而豹紋蘭和黃鶴頂蘭可長到近2公尺高，短穗毛舌蘭及雙花石斛則有1.7公尺的高度。

只要您有熱誠，加上細心的觀察，即使不在山區，河濱公園、校園花壇草坪、高速公路休息站、垃圾掩埋場、甚至是在動物園裡，都有可能為您帶來意外的驚喜，所謂五步之內必有芳草，十步之內必有蘭花，雖屬誇張之詞，然而這樣的比喻用在數量種類繁多的蘭科植物身上實不遠矣！

南橫高雄縣與台東縣縣境地段正好也是中、高海拔的交接地帶，當地氣候冷涼潮濕，冬季低溫接近零度，苔蘚、地衣滋生，正是撬唇蘭、白石斛、鹿角蘭等喜歡的環境，圖中可見成叢的撬唇蘭附生在粗枝上。

在中橫畢祿溪的紅豆杉等巨大針葉樹上，是合歡松蘭、二裂唇莪白蘭等中海拔氣生蘭的家；那裡的林下坡地生長著尾唇根節蘭、馬鞭蘭等耐寒地生蘭。

特殊的花朵構造

蘭花是多年生的草本植物，爲了適應生存，吸引蟲媒鳥類達成授粉繁衍的目的，採行各種因應策略，特化爲適合特定環境需求的模樣，由於它們在演化上相當活躍，以致生成各式各樣的顏色、形狀、大小、氣味及習性，成爲開花植物中的最大族群，據估計其總數超過三萬種以上。如此龐然多樣的蘭科植物，到底它們的特徵何在？怎樣才算是蘭花？蘭花與其他花草有何不同？相信這些都是許多人想要了解的問題。

栽培一盆花草，每天細心呵護，定期澆水施肥，圖的不外就是植株健康，生理順暢之餘，能賞幾朵花兒來看，人們對花的期待心理是可以理解的。

蘭一直被視爲花中貴族，過去多爲名人雅士、皇室貴族才有能力擁有，可見蘭花在人們的心目中的評價一直很高。然而，蘭科植物的花朵與其他開花植物有何不同？蘭的世界變化萬千，種類數以萬計，花朵形態千奇百怪，爲何內行人一見其花便能判定那是蘭花？它們究竟有何共同特徵？爲了增進對蘭花的認識，實有必要先了解各種類型花朵的基本構造。

一般植物的花

一般開花植物的花朵，通常具有萼片（也叫花萼）、花瓣、雄蕊和雌蕊四大部分，它們的數目因種類不同而有很大的差別。如果把一朵花的各部依序分解開來，便會發覺它們有內外之別。通常萼片長在花朵的最外側，花瓣其次，長在萼片內側，再來是雄蕊，長在花瓣內側，位在花中心的則是雌蕊。雄蕊是由花絲及其頂端的花藥組成，而雌蕊則由子房、花柱及頂端的柱頭組成。

一般蘭科植物的花

有些花草的植物體外觀十分像蘭花，但卻不是眞正的蘭花；有些植物的名稱裡有「蘭」這個字眼，可是卻又不是蘭科植物。因此，對於剛入門的初學者，欲判斷何者爲蘭，最好還是由花朵本身著手。

蘭科植物的花朵，具有萼片、花瓣和蕊柱三大部分。萼片長在花朵的最外側，通常有3片，居上方的叫上萼片（或中萼

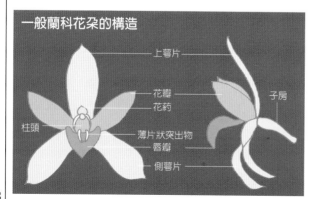

一般蘭科花朵的構造

- 上萼片
- 花瓣
- 花藥
- 子房
- 柱頭
- 薄片狀突出物
- 唇瓣
- 側萼片

萼片

一般植物的花朵通常具有萼片、花瓣、雄蕊、雌蕊四大部分，台灣百合的花朵就有明顯的上述構造。

雄蕊

雌蕊

花瓣

片），位於下方兩側的稱側萼片。

花瓣為花朵的第二層構造，在花苞階段位於萼片內側，通常有3片，有2片位於左右兩側，另一片通常居於蕊柱下方，由於特化的關係，其形狀、顏色、大小往往異於其他兩片花瓣，因其形狀多半像唇舌，故稱為唇瓣（或舌瓣），是蘭科植物有別於一般開花植物的特徵之一。

唇瓣是蘭科花朵最為醒目、也是最能吸引授粉蟲媒的部位，其構造較為複雜且富於變化。仔細觀察，大致可把唇瓣分成3裂，中段兩側凸出的裂狀物叫側裂，有的側裂會向上彎曲，而前段的裂狀物則叫做中裂。

另有若干特殊的構造，並不是每種蘭花都有，但經常可以看到，且有其重要性，有必要加以說明。有些蘭花的兩片側萼片基部會與蕊柱基部合生成囊狀構造，將唇瓣包藏在裡頭，有保護唇瓣的功用，因其外形似人的下巴，故

稱為頦，黃花石斛的花朵就有這樣的構造。

有的蘭花，其唇瓣基部靠近蕊柱下側的地方，會向後伸長，形成長管狀，這種構造稱為距，它的作用主要是儲存花蜜，吸引蟲媒來採蜜，以達授粉的目的，像台灣多數的根節蘭與鶴頂蘭都具有這樣的構造。

某些蘭花，其唇瓣上表面生有一至數條突出的縱向隆起線，有呈薄片狀的，有呈波浪狀的，有呈鋸齒狀的，也有呈乳頭狀的，因其模樣似船的龍骨，所以就叫做龍骨。龍

人們對於蘭花的初步印象多半來自嘉德麗亞蘭、蝴蝶蘭或一葉蘭，這些蘭花具有典型花朵，即上部一片上萼片，兩旁各一片花瓣，下側兩旁各一片側萼片，中央則有一醒目的唇瓣。圖為黃花一葉蘭（*Pleione forrestii*）。

骨通常顏色鮮明，具有引誘授粉蟲媒進入唇瓣的作用，台灣一葉蘭的花朵唇瓣上就有這種構造。又有的蘭種，花朵唇瓣上表面的隆起是呈塊狀的，這類的突出物則稱為瘤，白蝴蝶蘭與桃紅蝴蝶蘭的花朵

唇瓣上都有這樣的構造。

蕊柱是蘭科植物花朵的核心部分，形狀如柱（有長，有短，有直，也有彎），位在花的中央位置，為蘭花的性器官，上含雄蕊與雌蕊兩性構造，此為蘭花最特別的地方，

也是蘭科與其他開花植物最明顯的差異所在。蕊柱頂端的蓋狀物叫花藥，是蘭花的雄性器官，內含花粉塊2、4或8個，一般植物的花粉多呈粉末狀，蘭科植物的花粉則聚集成塊，這也是蘭花的特徵之一。在花藥下方，蕊柱的腹部，有一內凹的孔，裡面含有膠質，這個構造就是柱頭，乃蘭花雌性構造

大花一葉蘭（**Pleione grandiflora**）每一花莖頂部著生一朵大花，即所謂的單生花，為典型的翻轉花。

細點根節蘭的花朵唇瓣特大，約佔全花長度的三分之二，偏小的上萼片和兩片花瓣邊緣重疊，整個看起來好像一頂帽子。

圓盤飄唇蘭（**Catasetum pileatum**）的花朵看起來不怎麼典型，不過花瓣、萼片及唇瓣無一欠缺，只是它的萼片細長且內捲，樣子怪怪的，好像缺少了什麼似的。

暗色蕾麗亞蘭（**Laelia tenebrosa**）的花形像嘉德麗亞蘭一樣，具有喇叭型的唇瓣。

國蘭在分類上屬於蕙蘭屬，這品報歲蘭在國蘭界叫做「紅玉」，為亞洲地區相當普遍的栽培蘭種。

滿綠隱柱蘭的橘色花朵，如人面蜘蛛，花瓣和萼片呈線狀，特大的心形唇瓣位於花的最上方，這種唇瓣在上位的花朵，我們稱為非翻轉花。

獅頭風蘭（**Angraecum leonis**）原產於非洲馬達加斯加島，這一類蘭花通常被稱為非洲風蘭，它們多數種類花朵唇瓣後端拖著一條尾巴狀的長距。

的一部份，也是接受花粉塊的部位，孔內有通道直達花裂（萼片與花瓣的統稱）後方的子房內。當蟲媒攜帶花粉塊黏到柱頭內，花粉發芽而穿入子房，就可完成授粉作用。授粉完成後，花裂逐漸萎縮，同時子房開始膨脹，最後結成果實。

喜普鞋蘭類的花

蘭科植物裡，有一群花的唇瓣膨大如囊袋的種類，其囊袋狀唇瓣單獨看起來，有幾分像日常居家生活常穿的拖鞋前半截的模樣，所以通常就以「拖鞋蘭」稱呼它們。這類蘭科植物在分類學上隸屬於喜普鞋蘭亞科，總共包含5個家族，即喜普鞋蘭屬、巴菲爾鞋蘭屬（本地市面上講的拖鞋蘭就是指這個家族）、富拉西鞋蘭屬、新月鞋蘭屬，以及墨西哥鞋蘭屬。

喜普鞋蘭類的花朵唇瓣皆呈囊袋的形狀，所以就為它取了一個特別的名稱叫唇袋。雖然它們的唇袋很特別，但這並不是獨門的特徵，事實上，某些一般的蘭科植物也有類似的構造存在，如台灣的松蘭就有囊袋狀唇瓣。

喜普鞋蘭類之所以有別於一般的蘭花，主要還是在蕊柱構造上的明顯差異，其蕊柱末端生有一盾牌狀的不孕性雄蕊，因退化

喜普鞋蘭類的花朵具有一膨脹成袋狀的唇瓣，這樣的唇瓣稱為唇袋，產於北美的粉紅喜普鞋蘭（*Cypripedium acaule*）就具有典型的唇袋構造。

富拉西鞋蘭也是喜普鞋蘭類中的一群，產於中、南美洲，原產於委內瑞拉的緋紅富拉西鞋蘭（*Phragmipedium bessae*）的花朵具備合萼片、唇袋與假雄蕊等典型喜普鞋蘭類植物的特色。

不具雄性功能，不是真正的雄蕊，我們稱它為假雄蕊。真正的雄性構造──

假雄蕊

巴菲爾鞋蘭在本地市面上通常稱為拖鞋蘭，為喜普鞋蘭類植物中常可見到的一群，圖中為原產於泰國的麗斑拖鞋蘭（*Paphiopedilum bellatulum*），其花朵中央具有一盾牌狀的凸出物，此為假雄蕊，真正的雄蕊隱藏在後面。

花藥有兩組（一般蘭科植物只有一組），位在假雄蕊後方，蕊柱的兩側。雌性構造柱頭則位於花藥下方，蕊柱的腹部。

另一特別的地方是側萼片，喜普鞋蘭類的兩枚側萼片合而為一，落在唇袋的後方，我們給它取了一個特別的名稱叫合萼片。

喜普鞋蘭類的植物，在演化上屬於獨立的一支，跟一般「典型」蘭科植物的演化過程走不同的路線，所以才會產生如此大的差異。它們是屬於較為原始的一群，花朵構造上仍殘留有若干遠祖的特徵。有些植物分類學者認為它們是很特別的一群，應該從蘭科中分離出來，獨立形成一科。不過，現今大多數的學者，還是認定此類植物保有較多蘭的特性，仍傾向維持現有的分類方式。

花的排列方式

植物的花朵有一定的生長方式，並不會變來變去，蘭花也不例外，每一種蘭花的花朵，在花莖（或稱花軸）上的排列都有固定的形式，而花朵在花軸上的排列方式就稱為花序。

總狀花序　　　　　圓錐花序　　　　　單生花

原產於菲律賓的噴點蝴蝶蘭（*Phalaenopsis stuartiana*）兼具美麗、多花等優點，為愛蘭人士喜愛的蘭種，栽培強健的植株主花莖上常有許多分支，每一分支就如一總狀花序，這種花的排列方式稱為圓錐花序。

滿綠隱柱蘭的花莖由葉柄基部直立抽出，花朵均勻排列在花軸的上半段，著生於基部的花先開，這種花的排列方式稱為總狀花序。

我們可以藉由觀察花序的形式，作為判斷種類的輔助參考依據。蘭花的花序有許多形式，以下介紹較有機會遇到的花序。

總狀花序：多數的花朵著生在花軸（花著生的主幹）上，每一朵花都有一花梗，花朵便藉花梗連接在花軸上，這是蘭科植物最常見的花序。總狀花序通常由基部的花先開，如台灣金線蓮、毛苞斑葉蘭、滿綠隱柱蘭、大花羊耳蒜、大腳筒蘭及雅美萬代蘭等都是如此。有少數情況，花朵由花序中段先開，或是由花序頂部向下開起。

圓錐花序：有分支的花序，花軸上分支互生，每一分支相當於一總狀花序，像虎紋蘭、山珊瑚、白蝴蝶蘭、桃紅蝴蝶蘭等就是這種花序。

繖形花序：花軸的節間不延伸，所有帶梗的花朵都集生於花軸末端，形成所謂繖狀的排列，通俗的說法就是傘形、扇形的排列。黃萼捲瓣蘭、紫紋捲瓣蘭、鶴冠蘭等豆蘭類植物，都是此類花序。

螺旋花序：花朵呈螺旋形式排列在花軸上，這種花序通常花朵由基部向上開起，綬草就具有典型的此種花序。

單生花：花軸頂生單一花朵，如阿里山豆蘭、台灣

花莖頂端單生一朵花的排列方式，稱為單生花，多數一葉蘭具有單生花，圖為原產於中國雲南省的芭芭拉一葉蘭。

豆蘭的花朵著生在細長花莖末端，呈傘狀排列，這種花的排列方式稱為繖形花序，本種豆蘭的植株、花序和花色都近似鶴冠蘭，但花朵稍短且較寬，可能為未曾記錄的種類，原植物由吳向中先生栽培。

一葉蘭、台灣喜普鞋蘭等皆屬此種花序。

低海拔向陽地生長的綬草，它的花莖筆直向上，白裡帶紅的小花沿著花軸螺旋攀緣而上，使人聯想到廟宇門前攀著石柱的龍雕，所以也有人叫它攀龍草，像這樣的花序稱為螺旋花序。

13

蘭科植物的根莖葉

蘭花的根大都被覆一層白色的軟木質細胞，這層表皮細胞具備吸收水分與防護根體的作用，香蘭為台灣特有的迷你氣生蘭，它的根系是典型的氣生根。

新竹石斛的植株很特別，全株靠主莖基部的細根倒掛在樹上，莖有多重分支，每一分支由紡錘狀的假球莖相連串成，而每一假球莖有1至2節，只有前段新長的假球莖著葉，類似這樣構造的蘭花，在台灣還有長距石斛。

蘭科植物為多年生草本，是單子葉植物中的一群，它們與其他草本植物有許多共同的習性，然而，蘭花之所以成為獨立的一支，在構造上必然有其特別的面相，要界定與認識它們，有必要了解其植物體的基本組成構造。

根為植物的吸收組織，由莖生出，散佈於生長基質當中，形成根系。蘭花的根有粗有細，但通常都比其他草本植物的根來得粗些。絕大多數蘭花的根外被一層白色或白綠色的軟木質厚細胞層，那是一層細胞壁增厚之細胞所組成的表皮組織，具有吸收水分及防護根體的作用。氣生蘭的根尖通常呈綠色，含有葉綠素的成分，能行光合作用，尤其對於某些莖短而不明顯又幾乎無葉的蘭花種類，如大蜘蛛蘭、蜘蛛蘭、扁蜘蛛蘭等，根系不但要行吸收水分及養分的功能，還需負責進行光合作用，以維持植物的正常成長。

莖為植物的主幹，也是根、葉生長的所在，蘭花

的莖有短、有長、有粗、有細，大部分的莖肉質多汁，不過也有少數木質的，如木斛的莖就偏向木質。蘭科植物的莖有許多形式，有一種莖沿著基質水平生長，叫根莖，其節下方生根，上頭長莖、假球莖或葉子，如複莖類的蘭花大多具有根莖之構造。許多蘭花的莖膨脹多汁，裡面儲存水分及養分，我們稱之為假球莖，複莖類中的附生蘭絕大多數具有這樣的莖。還有一種形式的莖叫塊莖，通常埋於土裡，為地下儲存組織，像白及、禾草芋蘭等就具有塊莖的構造。

葉通常長於莖或假球莖上，但有少數種類的葉則直接長在根莖上，例如狹萼豆蘭本身無假球莖，葉子就生在根莖上。蘭的葉子變化多端，無論形狀或質地都十分多樣。葉片的形狀有披針形、橢圓形、卵形、線形、長圓柱形等。有些葉子韌厚如皮革，我們稱為革質，有些則稍硬而薄，稱為紙質，軟而薄的，就叫做膜質。

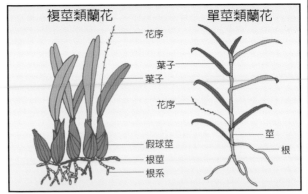

複莖類蘭花　　　　　單莖類蘭花

花序
葉子
葉子
花序
假球莖
根莖
根系

莖
根

氣生蘭因離地較遠，吸收水分與養分沒有地生蘭那麼方便，因此葉子傾向增厚，豆蘭便是典型的氣生蘭，多具有厚葉，圖中的烏來捲瓣蘭具有軟革質的葉子。

根節蘭是台灣種類較多的地生蘭屬，共有19種，它們的葉片質地薄，多為表面帶縱向摺痕的紙質葉，長距根節蘭也不例外。

多莖成叢

如果按照植株生長習性來分類，蘭花可概分成兩大類，其一為複莖類，另一為單莖類。根據植物學家的研究，複莖性生長，也就是多莖成叢的生長習性，是單子葉植物的基本生長模式。

複莖類蘭花的特點是莖葉的成長有一定的時限，通常為一個生長季，當一年中的生長時期終了，該年生長的莖葉便達到成熟而停止生長，此時莖（或假球莖）基部保有側芽，待隔年春暖時期，側芽便又萌發成長，取代老莖地位，這種生長方式與其他多年生草本植物頗相似。

多莖成叢是多數蘭花的生長方式，我們稱這樣生長的蘭花為複莖類蘭花，植株藉由根莖相連成叢，圖中的小黃喜普鞋蘭原產於北美，在主人比爾・麥茲拉夫的後花園裡經多年細心照料，形成如此的美麗景緻。

大腳筒蘭也是複莖類的植物，不過要長得這麼大叢實不多見。

複莖類蘭花的生長因受一年的限制，植株高度及莖葉的大小較為固定，例如馬鞭蘭的株高限於25至35公分之間，而一葉罈花蘭的株身多在30至50公分之間，相對而言植株大小的變化較小。不過，因這類蘭花的莖大多以假球莖的形式存在，假球莖與假球莖之間則藉根莖相連在一起，莖的數量隨著長年的累積，而成等比級數增長，在理想環境下，往往能長成一大叢，例如人造林中所見的阿里山根節蘭多半幾株成一叢，但在阿里山一片紅檜林裡所見的特大叢阿里山根節蘭，由幾十株根莖相連而成，寬幅達一公尺半，又在新竹清泉一處原始闊葉林所見的大叢金草蘭，由上百支莖組成，直徑約達一公尺，十分壯觀。

蘭科植物中以複莖類的種類居多，常見的地生蘭如根節蘭、蕙蘭（國蘭）、羊耳蒜等，及附生蘭如豆蘭、石斛、絨蘭、荳白蘭、石仙桃等，都是屬於此類。

單莖增長

從演化觀點來看，單莖類蘭花的起源較晚，它們是從複莖類蘭花演變而來的。單莖類蘭花的生長特點是，莖能持續成長多年，向上或向前（倒垂風蘭則是向下）不斷增長，莖兩側交互生長的葉子也不斷累增，理論上，它們能無限增長，但因外在環境的限制，實際上還是有其生長極限。

單莖類蘭花絕大多數為附生蘭，由於樹上生活需要較具彈性的身軀，因此演化成具韌性的莖，而不具有假球莖或塊莖的形式，為了彌補水分及養分儲存及攝取的需要，它們發展成具有革質或多肉的厚葉，以及粗大的氣生根。另一共通的特徵是，它們的花莖不頂生，都由莖側葉腋間抽出。

單莖類蘭花以萬代蘭類（萬代蘭族）為主，有些種類生長相當旺盛，能長到很大，例如蕉蘭（芭蕉蘭）有一公尺高，豹紋蘭能長到兩公尺，倒垂風蘭（吊蛾蘭）下垂的植株最

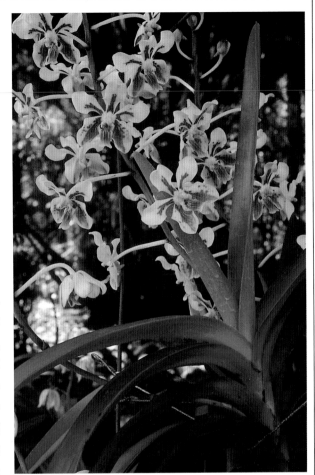

萬代蘭是最為人熟知的單莖類蘭花，有的種類多年老株可長到近1公尺，臺灣產的雅美萬代蘭在萬代蘭屬中算是中等體型，不過多年的植株也能長到70公分，著生二十餘片葉子。

長的有1.4公尺，而短穗毛舌蘭（鳳尾蘭）則能長到1.7公尺。不過，並非此類的植物體都很大，有的生長較遲緩，例如金釵蘭、蝴蝶蘭、虎紋蘭等，即使存活一、二十年，也很難超過50公分。還有一些屬於迷你種，植株通常不超過10公分，例如鹿角蘭、蘆蘭（羞花蘭）、蜘蛛蘭、假蜘蛛蘭、風蘭（倒垂風蘭與厚葉風蘭除外）等，也都是單莖類蘭花。

野生蘭的私生活

在大自然裡，有各式各樣的物種生活著，為了求取有利的生存條件，必須想辦法繁殖優勢的下一代。動物可以自行活動，尋找合意的配偶延續後代，可是植物長在哪兒，就固定在那裡，自己沒有主動權，傳宗接代得仰賴週遭的環境條件來協助它們，因此，授粉傳媒便扮演極為重要的角色，就蘭花而言，最熱心的傳粉媒婆是昆蟲和鳥類。

少數蘭花能靠本身行自花授粉，但這畢竟不是很好的繁殖方法，近親交配易導致子代弱化，不利生存競爭，之所以出此下策，只是因環境條件不良，為了繁衍與擴散所產生的權宜之計。據野外觀察，本地的山林無葉蘭、白點伴蘭（白肋角唇蘭）、輻形根節蘭、連翹根節蘭、白花肖頭蕊蘭、綬草和蜘蛛蘭等，都有自花授粉的現象。

從進化的角度來看，異花授粉（一朵花的花粉藉由傳媒送到另一朵花的柱頭）才是野生蘭繁殖的主流，這種方式有利遺傳基因重組，擴大種間基因庫，經代代演替，有利於進化出優勢競爭的蘭種。

授粉的媒婆

幫助蘭花傳宗接代的媒婆以昆蟲居多（還有少數鳥類），牠們之所以這麼做，主要是受花朵顏色、形狀或味道的引誘。當昆蟲在花裡尋尋覓覓，如果能找到回饋，譬如花蜜、

花粉，那麼下次就有可能再來造訪同種的花朵，假使找來找去沒有什麼可取的，下回牠們就不會再度光顧。昆蟲在花裡鑽營的過程中，有時候會不經意碰開花藥，因花藥內的花粉塊基部具有黏盤之構造，花粉塊便黏在昆蟲身上，當攜帶花粉塊的昆蟲飛到其他花朵裡，經過柱蕊下方時，若把身上的花粉塊碰落在柱頭上，此時授粉過程便告完成。

有許多蟲媒（或鳥媒）對於特定花朵有所偏愛，有的是被鮮豔顏色或特定顏色吸引，有的是受特殊

自花授粉雖然不是很好的繁殖方法，但受限於本身的條件及環境因素，少數蘭花只能以此種方式繁衍後代，在本地山林裡可見的此類蘭花，白點伴蘭算是其一。

有些根節蘭也有自花授粉的現象，這其中以連翹根節蘭較容易觀察到，花季期間常有機會看到自花授粉後結成一長串蒴果的花莖。

味道（香味、異味或雌性體味）引誘，有的喜歡某種花的花粉或花蜜，也有的是因為花朵唇瓣模樣像蟲媒的異性，或唇瓣上生有像花粉之假花粉構造，而被誘騙而來。蘭花為了生存繁衍，經過長期演化，有些特化成為能吸引對其授粉最有效率的特定授粉媒，甚至有少數的花器構造特殊，僅限由一種昆蟲授粉。

蘭花的蟲媒以蜂類最多，據長期研究觀察，一半以上授粉的花朵是由蜂來完成。蜜蜂都在白天訪花，之所以會來，通常是因花朵鮮麗、攜有花蜜或帶有甜蜜的香氣，他們特別喜歡花型呈管狀或喇叭狀，具有腔室能潛入裡面鑽來鑽去的花朵。例如許多葦草蘭（鳥仔花）、蕙蘭、芋蘭、萬代蘭等是由木匠蜂授粉，而綬草類的地生蘭多半由熊蜂授粉。

蝶類與蛾類也是蘭花重要的蟲媒，這類昆蟲具有長舌，能伸入花朵的距內探蜜，花粉塊通常黏在長舌上。蝶類在白天活動，

鮮豔的顏色是蟲媒最大的誘因之一，蝶類能辨認紅色系的色彩，大花豆蘭的花朵唇瓣及花瓣帶鮮豔的血紅色，它的蟲媒是否為某種蝶類，尚待有識者求證。

長距根節蘭的花色醒目，帶紫色的花朵綻放數日後會轉成橘色或橘褐色，因此一花莖上經常有不同顏色的花朵同時存在，容易引來蟲媒造訪。

牠們能辨認紅色系的顏色，因此偏愛粉紅色、紅色、或黃色的花朵，當然，牠們也會被怡人的花香所吸引，但顏色的誘惑通常比香味重要。蛾類大多數在夜間活動，由於在晚上僅能辨識光線明暗，

因此蛾類偏好白色或淺綠色的花朵，牠們常會被甜蜜的濃香所吸引。

蠅類和螞蟻也會充當花朵的媒婆，蠅類愛造訪綠色、黃色、褐色或紫紅色的花朵，對於花型，則較喜歡杯狀的花朵，牠們也

一葉蕈花蘭的花朵開口小，極有可能由小型昆蟲授粉，雖曾多次見到蠅類停棲在其花朵上，但仍有待進一步的觀察。

在烏來山區杉木上附生的這株鳳蘭，在筆者拍攝當中有一隻胡蜂插花進來，在不到五分鐘內便把花莖上的五朵花都造訪了，結果把所有花粉塊都碰掉，其中的兩組花粉塊還黏在牠的頭頂與背部，結果之後所拍的都是缺花粉塊的照片。

會被特殊味道吸引，有的愛甜蜜的香味，有的則喜歡異味，如腐肉味，例如有些豆蘭便由蠅類授粉。

鳥類雖然不是主要的授粉傳媒，在美洲及新幾內亞的蘭花當中，確實有一些是鳥媒花，例如中南美產的一些樹蘭是由蜂鳥傳粉，而新幾內亞中、高海拔產的若干石斛，則是由太陽鳥授粉，以花朵長壽知名的雪山石斛就是由太陽鳥授粉。不過，台灣的蘭花當中，尚未聽聞有鳥媒花。鳥媒對於花朵是否有味道並不在意，牠們喜歡紅色、亮粉紅色、黃色或是鮮豔的顏色，至於花型，則偏愛管狀或窄杯狀的花朵。

蛾類大多數在夜間活動，牠們偏好白色或淺綠色的花朵，大蜘蛛蘭是否由蛾類授粉？有待蘭界與昆蟲界的跨領域合作探討。

形形色色的果實

蘭花經蟲媒授粉成功後，花朵便漸次萎縮乾化（有的變肉質），花色也會起變化（有的轉綠），同時子房逐漸膨脹變大，子房內的胚珠開始發育，花莖也會抽長，最後結成果實。比較有趣的是垂頭地寶蘭，它在開花階段時，花莖基段直立向上而末段著花部分下彎，有如柺杖的樣子，可是授粉後，花莖便逐漸抽長，末段結果部分也跟著挺起來，最後整支花莖變長且筆直向上，此種花莖增高現象，有利於種子的傳播。

蘭花的果實屬於果皮乾燥的乾果類，外表具有縱向稜線，成熟後會沿線裂開，我們稱這類的果實為蒴果。蒴果由結果到成熟需經過幾個月蘊釀，例如石斛要5到6個月的時間方才成熟。當蒴果成熟時，也是果實內胚珠發育為成熟種子的時候，蒴果由頂部或中段縱向裂開，於是，數十萬粒種子便乘風飄散出去。

蘭花的蒴果並非都是一個樣子，它們的大小、形狀乃至於顏色，或多或少因種而異，其中以紡錘狀的較多，如白鶴蘭、阿里山根節蘭、細點根節蘭、黃根節蘭、鳳蘭、香莎草蘭、寶島羊耳蒜、白石斛、長距石斛（彎大石斛）都是紡錘狀，馬鞭蘭的蒴果也是紡錘狀，但其前端有一花謝後殘留的尖針狀突出物，且近成熟時轉為杏黃色，較容易辨認。有些蒴果則是橢圓狀，如長距根節蘭、反捲根節蘭、長葉根節蘭、何氏松蘭、

馬鞭蘭的蒴果為兩端稍尖之紡錘狀，末端有一尖針狀突出物，是很好的辨認特徵。

白鶴蘭的蒴果呈紡錘狀，飽滿的青綠色果實看起來頗討人喜歡。每種蘭花都有其獨特的蒴果，因此觀察它們的特徵，也可以幫助我們辨認其身分。

臺灣松蘭的蒴果成熟後，沿著果皮表面的縱向稜線裂開，內含眾多微細的種子，起風時，種子便隨纖毛乘風飄散。

木斛的蒴果為圓卵狀，這形狀的果實在台灣蘭花中是少見的。

長距白鶴蘭是白鶴蘭與長距根節蘭在野地自然生成的天然雜交種，它的花朵顏色及形狀多變，有像白鶴蘭的、有像長距根節蘭的，也有兩者的中間形，不過蒴果的形狀，則比較像長距根節蘭，呈長橢圓狀。

豹紋蘭為大型的氣生蘭，它的蒴果也很有份量，果實近成熟時，花莖會因重量的關係而下彎，形狀近紡錘狀，但基部窄而末端粗，稜線突出呈翼狀。

紅斑松蘭的蒴果也接近橢圓狀，但稜線突出呈近三稜角，底色為綠色，上佈紫斑、褐斑或紅斑，頗為漂亮。有的是棒狀，如罈花蘭、一葉罈花蘭及許多豆蘭都有一邊細一邊粗的棒狀蒴果。也有柱狀的蒴果，如黃松蘭、黃繡球蘭等。另外，還有長條狀的蒴果，風蘭的果實都是這個樣子，金唇風蘭（烏來風蘭）的蒴果細長微彎，長度有6公分，倒垂風蘭的蒴果更長，可以抽長到10公分。除了上述的蒴果之外，尚有一些特別的形狀，像燕子石斛的蒴果呈卵球狀，豹紋蘭的蒴果頗大，形狀近紡錘狀，但基部窄而末端稍粗，且稜線突出呈翼狀。

蒴果的特徵也可作為蘭種辨認的輔助參考，例如蜘蛛蘭的青綠色蒴果為橢圓狀，只有米粒般大小，扁蜘蛛蘭的綠色蒴果較接近棒狀，長度近1公分，而大蜘蛛蘭的蒴果為墨綠色，上佈紫褐斑及白細軟毛，形狀呈微彎之長柱狀，長度有3、4公分。這三種蘭花植株的外形相似，有時很難分辨，但如果植株上結有蒴果，便能對釐清種類有所幫助。

第二章
野生蘭的家

野生蘭的種類相當的多，它們為了處於最佳的生長狀態，在山林裡各有各的生存方式，習性變化很大。有許多是生長在地面的，跟一般植物的生長方式沒有什麼差別，我們稱這類生長方式的蘭花叫地生蘭。少數的種類雖然也是長在林地裡，但它們整株都埋藏在表土層之中，這種生長習性的蘭花叫腐生蘭。有些蘭花的習性像地生蘭，但並沒有直接長在地表，而是著生在枯倒木或腐葉堆上，這類的蘭花在習性上只能算是半地生蘭。

野生蘭對於環境的適應性相當強，為了生存，有的便演化成適應岩石上的環境，附著在岩面或石壁上，這樣生長方式的蘭花，稱為石生蘭。另外，有許多植物為了取得生存競爭的優勢位置，演變成喜歡附生在樹幹、枝條上，這種樹生習性的植物，在蘭科當中不在少數，我們叫這類的蘭花為氣生蘭。

並不是每種蘭花都只有單一的生長習性，實際上，有很多蘭花能適應一種以上的生長方式。而且，有若干種類對於環境的適應性特別的強，幾乎能在各種基質上生長，例如竹葉根節蘭（密花根節蘭）與心葉羊耳蒜（銀鈴蟲蘭）就是其中的佼佼者，它們是三棲植物，能地生、能石生，也能氣生，稱得上是蘭科裡的生存高手。

中海拔霧林帶是台灣蘭科植物最豐富的地帶，許多具觀賞價值的種類藏身於其間，南投梅峰的原始闊葉林便是屬於此種環境，圖中的巨木枝幹上爬滿了數不清的綠花寶石蘭。

24

土壤內的腐生蘭

有少數蘭花的生長習性十分特別，雖然長在地上，卻整個植株埋在土裡，平常根本看不到它們，只有在花季時，花莖才由土裡抽出地面，顯露它們的蹤跡，這種生長方式的蘭花，稱為腐生蘭。

腐生蘭沒有地上部分的莖葉，因缺乏綠色部分，無法行光合作用。為了獲取生長與再生所需的各種物質，它們轉而演化成藉由根部與其周圍的根共生菌形成共生關係，把土壤裡的腐植質消化分解，再將有用的物質送至根內。

腐生蘭的種類不多，在台灣能發現的種類有無葉蘭、鬼蘭（錨柱蘭）、上鬚蘭、蔓莖山珊瑚、山珊瑚、赤箭、皿柱蘭、肉藥蘭（堅藥蘭）與長花柄蘭等屬。

山珊瑚（*Galeola lindleyana*）為大型的腐生蘭，不開花時看不到，它的花莖可達1公尺以上，著花數十朵至上百朵，本圖攝於南投縣仁愛鄉合歡溪海拔1900公尺的闊葉林。

腐生蘭一生大部分的時間都待在土裡。筆者唯一遇到山林無葉蘭（*Aphyllorchis montana*）是在1999年9月下旬於台北縣烏來海拔250公尺的溪邊雜木林下，當時正值花朵盛開。

赤箭是一群小型的腐生蘭，喜歡棲生於竹林裡，一年當中只有開花期間才露出土面，可惜花朵壽命不長，圖中為細赤箭（*Gastrodia gracilis*）的蒴果。

台灣的赤箭屬腐生蘭有9種，夏赤箭（*Gastrodia flavilabella*）是較容易發現的一種，圖為其蒴果。

表土層、腐葉堆及土坡上的地生蘭

生長在地面表土中的蘭花稱為地生蘭。地生是蘭花的主要生長習性之一，由此可知地生蘭的種類相當多，它們與土壤有深淺不同程度的關係。一般地生蘭的植株莖葉部分露出於地表上，根系則潛入表土層中，如肖頭蕊蘭、隱柱蘭、地生的蕙蘭、地生的羊耳蒜等皆屬此類。有些種類的莖葉與根系之間具有假球莖的構造，假球莖通常半露出土面或淺埋於土中，如根節蘭及多數的鶴頂蘭都是如此。

有些種類的根系埋得較淺，甚至半露在土面上，這類淺根性的地生蘭包括部分的根節蘭、部分斑葉蘭類等。心葉葵蘭也屬於淺根性蘭種，它喜歡選在土坡、土壁邊等雨水沖刷激烈的環境生長，植株只靠少數幾條根支撐，可說是淺根性地生蘭當中最刻苦耐勞的一種。

有的地生蘭則半浮在表土或腐葉堆中，只有根系末端潛入土裡，如果要採集它們，輕輕地便可拔起，這類的地生蘭有台灣

台灣的根節蘭中最有觀賞價值的黃根節蘭，屬於中型的地生蘭，它的植株雖不小，但根很細，且只埋於淺土層，根系很少會潛入土內超過30公分深，幾乎所有的根節蘭都是如此。

金線蓮、大武斑葉蘭及長葉杜鵑蘭等。

還有一些休眠性的地生蘭，於秋末、冬初氣溫轉冷時，地上部分的莖葉便枯萎脫落，僅餘地下組織埋在土裡過冬，像白及、喜普鞋蘭等都屬此類，不過，白及的地下部分是塊莖，而喜普鞋蘭的地下部分則為根莖。

大多數蘭花為淺根性植物，它們不像樹木的根系那樣深入土壤內，地生蘭的根系通常只在淺土層徘徊，白花肖頭蕊蘭生長於陰濕林內溪潤濕氣重的土面，根系通常鑽入土裡10至20公分，有的根甚至匍匐於土面。

臺灣金線蓮為森林中的地被植物，生長於林下深蔭處，寥寥幾條根埋於淺土中，莖基半段匍匐於土面，隱藏在腐葉裡，我們看到的則是它直立的上半段莖葉，許多斑葉蘭類植物都是這樣生長的。

許多拖鞋蘭是生於腐葉堆的植物，臺灣沒有原生的拖鞋蘭，不過卻有類似腐葉堆生的蘭花，有些長葉杜鵑蘭就是生長在腐葉堆間，它的部分根系淺觸土表，另一部份根竄入腐葉間，只輕輕一提便能拔起。

枯倒木上的半地生蘭

在原始林裡或者年代已久的人造林裡，因自然演替、颱風豪雨的衝擊，森林表層或多或少都有傾倒的枯木，土面上堆積著腐朽的枝幹。由於這些枯倒木靠近地面，生態條件近似地表，常有許多地生蘭會在上面生長，例如台灣根節蘭、白鶴蘭、反捲根節蘭、黃唇蘭（台灣黃唇蘭）等地生蘭偶爾便會出現在枯腐木上面。其中以滿綠隱柱蘭最喜歡這樣的環境，幾乎所有碰到的植株當中，一半是長在傾倒的樹幹、枯死的樹頭，或是橫躺的腐木上頭，它可說是最典型的枯倒木上之半地生蘭。

樹上的氣生蘭有時因附生的枝幹腐朽自然斷落，或是遇強風大雨摧殘折斷，而流落在近地面處，如果那裡的光線、溼度不致太差，它們便能存活繼續成長。常在中海拔原始林裡穿梭的人，多有機會遇到諸如豆蘭、石斛、絨蘭、松蘭、綠花寶石蘭等氣生蘭，長在類似的環境中，依舊能夠成長繁衍。在氣生蘭當中，以鳳蘭最能適應這樣的生活方式，經常能在它們族群所在的樹林裡，看到許多植株茂盛地著生在枯腐木上。

滿綠隱柱蘭是枯倒木上的常客，所見的植株當中，幾乎有一半是在傾斜的枯木、枯萎的樹頭，或橫陳於地的腐木上，它偏愛濕漉漉的狀態，所著生的枯倒木也都是濕氣重，鋪著一層苔蘚。

喜歡冷涼潮濕環境的綠花寶石蘭，多出現於中海拔原始林裡的闊葉樹上，由於身在高不可及的大樹上，要直接接觸到它實在不容易，不過在大風大雨後，有時會有枯枝斷椏掉落在地面，這些流落在地表枝頭上的植株，只要環境許可，也能存活，圖中的綠花寶石蘭就是一個實例。

枯倒木可以說是森林重要的過渡地帶，也為地生蘭與氣生蘭的交流，提供了一個理想的界面，那裡有各式各樣的種類，是林子裡充滿生機的地方。

殘幹表皮附生的白毛捲瓣蘭是在南橫台東段海拔2300公尺的原始闊葉林山路旁發現的，雖然不得其所，不過依舊存活。

雙板斑葉蘭（*Goodyera bilamellata*）又名長葉斑葉蘭，生長於中海拔上層的濕涼森林裡，看到它的次數不多，不過幾次巧遇幾乎都是在枯倒木上，只有一株生長在大石頭上的腐葉土，本圖攝於新竹縣海拔2000公尺之香杉柳杉混生林裡的倒木上。

反捲根節蘭為中海拔山林族群較為繁盛的根節蘭，它通常以地生的姿態出現，少數也會長在枯倒木上或低層樹幹、粗枝上，圖中的倒木上便有一大叢這種植物，這叢反捲根節蘭寬幅約70公分，由數十株組成，想必是倒木的環境很適合它，在上頭生長了很多年。

岩面、石壁上的石生蘭

森林裡、林緣處的岩壁及大石頭上，經常有許多植物生長著，其中也包括蘭花在內。岩壁排水良好，粗糙的岩面能堆積腐植質、保有少量的水氣，岩石的環境很像樹上的環境。因此，生長在樹上的蘭花，一部份也能適應岩石上的生活。

絕大多數生長在岩石上的蘭花，也都喜歡生長在樹上，因此，我們通常把氣生蘭與石生蘭合稱爲附生蘭。像是黃萼捲瓣蘭、傘花捲瓣蘭（大豆蘭）、長距石斛（彎大石斛）、黃花石斛、一葉羊耳蒜、短穗毛舌蘭（鳳尾蘭）都是典型的氣生蘭，但也常以石生的姿態出現。

台灣凡尼蘭性喜水氣充足的地方，要看它，最好到低海拔的山溪邊，圖中的台灣凡尼蘭生長在台北烏來海拔250公尺之南勢溪岸岩壁表面，植株由壁頂或攀緣、或懸垂而下。

黃絨蘭屬於低海拔森林中的近地附生蘭，除了一些附生在樹幹低處之外，大半皆生長在林間散佈的大石頭上或岩壁表面，圖中的黃絨蘭生長在新竹鐵嶺海拔400公尺之竹林內石頭上。

專情於岩石上生活的野生蘭並不多，大概只有長葉羊耳蒜（虎頭石）與台灣一葉蘭比較接近這種情況，它們性喜成群附生於整片岩壁表面，是較爲典型的石生蘭。另外，較常生長在岩壁、岩面的種類尚有黃絨蘭、長腳羊耳蒜、心葉羊耳蒜（銀鈴蟲蘭）、尾唇羊耳蒜（紫鈴蟲蘭）、台灣凡尼蘭等。

臺灣一葉蘭喜冷涼潮濕環境，多生長在中海拔霧林帶苔蘚滋生的岩壁上，其花朵大又美，且性好群生，常成千上百滿佈岩壁，形成壯麗的景象。

以岩石為主要棲身之所的蘭種並不多，長葉羊耳蒜是其中少數具代表的種類之一，由低海拔至中海拔山區潮濕森林裡，常見其眾多植株相連成片佈滿岩面，因為它的岩生特性，野生蘭愛好者一般都以「虎頭石」稱呼之，圖中大片盛開的長葉羊耳蒜係生長在台北烏來山區瀑布旁的岩壁上。

樹上的氣生蘭

臺灣產的9種蕙蘭屬（國蘭）植物當中，有兩種為氣生蘭：一種是金稜邊蘭，另一種就是圖中的鳳蘭。有些鳳蘭在傾倒枯樹上也能存活，不過大多數所見的植株則是長在樹木主幹或分叉處，尤其在柳杉樹幹上看到的最多。

全世界的蘭科植物共有800多屬，其中氣生蘭就佔了500屬以上，可見蘭花的生長習性之中，以附生於樹上的方式為主流。在台灣已知的300多種野生蘭裡頭，也有一半以上的種類是以氣生為主，尤其是單莖類的蘭花，諸如蕉蘭（芭蕉蘭）、龍爪蘭、虎紋蘭（虎紋隔距蘭）、烏來閉口蘭（綠花隔距蘭）、豹紋蘭、鹿角蘭、香蘭、蝴蝶蘭、風蘭、雅美萬代蘭……等，幾乎都是典型的氣生蘭。還有許多複莖類的蘭花，譬如豆蘭、石斛、暫花蘭、黃穗蘭、絨蘭、騎士蘭、金釵蘭、芙樂蘭等，也多半是氣生蘭。

有的氣生蘭特別偏好某類樹種，例如低海拔常見的豹紋蘭，幾乎十之八九長在楠木的樹上。像扁球羊耳蒜，則特別喜愛長在水同木枝幹上。而烏來風蘭與蜘蛛蘭，則大多都在柳杉枝條或針葉樹之間發現的。至於金草蘭（金草），只有在中海拔的原始闊葉樹上才看得到。

多數氣生蘭並不太挑剔附生在樹上的哪一部位，但有一些種類較不一樣，它們只選特定的部位生長。風蘭就是很好的例子，像台灣風蘭、溪頭風蘭、新竹風蘭、金唇風蘭、異色風蘭（異色瓣）等，都喜歡長在細枝條上，大蜘蛛蘭、蜘蛛蘭、扁蜘蛛蘭、假蜘蛛蘭也有這樣的習性。產於北部狹窄範圍的櫻石斛，通常只出現在闊葉大樹樹梢粗枝上。至於紅斑松蘭與合歡松蘭，則多附著樹幹上。

黃松蘭為低海拔闊葉林、雜木林看到機會較多的氣生蘭，它喜歡濕氣稍重的環境，常出現在山溪兩旁的樹木枝幹上，圖中盛開的黃松蘭附生在台北縣坪林碧湖溪畔附近的雜木林樹木高枝上，由林下仰望它，看起來是不是有幾分像轟炸機呢？

臺灣松蘭為中海拔霧林帶具代表性的氣生蘭，植株匍匐性，沿著樹幹、枝條表皮生長，有時可見其繁衍成大群，覆滿枝幹，圖中的臺灣松蘭爬滿樹幹，有的甚至懸在半空中。

金草蘭是相當典型的氣生蘭,除了少數例外(長在潮濕岩壁或土石坡),絕大多數附生於中海拔原始闊葉林樹幹頂端,乃至樹梢粗枝上頭。

小巧可愛的臺灣風蘭是常見的枝條附生之氣生蘭,生長於各種樹木上,尤其喜歡附生在針葉樹及果樹枝條上。

第三章
尋訪蘭蹤經驗談

如何判定蘭蹤

野生蘭多在森林裡有遮蔭的地方生長，在山路上能看到的僅限於林緣的種類，畢竟數量有限，像白花肖頭蕊蘭本身族群就很單薄，況且又生長於山溪旁林蔭下的潮濕坡地，若不沿溪涉入，想要遇到它的機會並不多。

根節蘭為典型的林蔭植物，它們葉子為紙質，不耐強光照射，因此都在有遮蔭的地方生長，要看它一定得進入林內才行，圖中的翹距根節蘭為中海拔原始闊葉林裡的產物，在針葉林裡未曾遇過，而且只在海拔1000公尺以上的山區才有。

台灣的野生蘭種類相當多，只要是山區，無論由北到南，或是由東向西，或多或少都有蘭花的蹤跡。它們生長在各種環境中，對於生存條件各有需求，也因此每種野生蘭都有其分佈上的自然侷限。

漫步在山路旁、曠野間，常有許多野花樹木，迎著陽光、隨風擺舞，任我們指點品賞。可是，初到山上賞蘭，卻往往帶著滿腔疑惑回來說：「聽說那裡有很多野生蘭，為何去找了半天，卻沒看到幾株？只看到一般的野花野草！」這種情形也許你我剛開始都曾發生過。這主要是因為大多數野生蘭屬於半陰性植物，常隱匿於深林裡、山澗旁、樹幹上或枝椏間，若不踏入林子裡，在適合其生長的環境裡找，即使就在您的周遭，也不一定能察覺到。

另一方面，台灣的蘭花種類雖多，但因蘭科植物本來就繁衍緩慢，族群數量有限，無法與一般草本花草相比，它們不是森林裡的優勢植物，要一睹蘭

之英姿、花之芳澤，總是需要多一份耐心與機緣。

野生蘭的生長習性多樣，想要欣賞特定的種類，拍攝它們最美的一面，如果能多吸收一些生態知識，知道它們的分布範圍、海拔高度、乾濕狀況、地生或是附生，看到的機會一定會增加許多。

野生蘭多在人為干擾少的原始森林裡，這些地方通常位於荒郊野外、人跡稀少的地區，且山區地勢崎嶇，氣象瞬息多變，林內陰森方位難判，蚊子、蜂群、血蛭、蛇類等常出沒，或多或少帶有危險性，所以事前的準備工作相當重要。

住家附近見蘭蕙

當您為本書第四章的美麗野生蘭所吸引，想要到野外一睹其自然風采的念頭，首先應自問，想要看的是哪一種？如果沒有特別要求，但求能夠看到野生蘭就滿足了，那麼只要多加注意您日常活動的環境，也許就有意想不到的蘭蹤現身。例如在學校、公園、公路休息站的草

樹上的野生蘭種類相當多，可是林內的光線不是經常充足，又有層層枝葉、蔓藤阻擋，要發現它們，往往需要費一番功夫才行，如果您想看的是特定種類，最好能知道其在樹上主要的著生部位，像大腳筒蘭多半附生於闊葉樹上層的粗枝。

馬鞭蘭為需要透光滋潤的半陽性植物，看到它的地點大多在中海拔地區的山路旁，有時也會在林內撞見它，如圖中盛開的馬鞭蘭生長在海拔1200公尺的闊葉林裡遮蔭較少之岩石表面腐質土層中。

坪，有時可見綬草、禾草芋蘭、線柱蘭、韭葉蘭（韭菜蘭）等地生蘭。如果您是住在郊區，也許在家裡附近的竹林、雜木林裡就有白鶴蘭、寶島羊耳蒜、大花羊耳蒜等地生蘭，或是黃吊蘭、虎紋蘭

毛苞斑葉蘭（**Goodyera grandis**）
又叫長苞斑葉蘭，為低海拔溼
熱環境裡常見的林下地被植
物，常能形成大片族群，斑葉
蘭都是陰性植物，毛苞斑葉蘭
也不例外，要看它最好往林下
陰濕的地方尋找。

紅斑松蘭為台灣中海拔森林孕育的小型氣生蘭，喜歡冷涼潮濕
的氣候，多生長於原始闊葉林裡，在人造杉林較少見。

等氣生蘭。如果到觀光果
園採水果，運氣好的話，
也許橘子樹、柚子樹、梅
樹或蓮霧樹上就長滿了台
灣風蘭，讓您看個夠。

溪谷尋蘭

大多數蘭花生長在山區
未開墾或人為干擾少的樹
林裡，它們喜歡空氣溼度
高、有局部遮蔭的環境，
尤其在山溪兩岸附近的林
子裡看到的機會較多，例
如黃松蘭、香蘭、扁球羊
耳蒜及多種根節蘭都愛長
在溪邊。有些種類喜歡一
半陽光、一半遮蔭的環
境，山路旁有時可發現它
們，例如溪頭風蘭、烏來
風蘭、蜘蛛蘭等氣生蘭及
高山頭蕊蘭、馬鞭蘭、細

葉零餘子草（角根蘭）等
地生蘭都有這樣的習性。

林中探看

低海拔上層到中海拔中
層的原始闊葉林及林相較
老的針葉林，為台灣野生
蘭最豐富的地帶，尤其是
在海拔800至2000公尺的
霧林帶裡，蘊育著許多具
有觀賞價的蘭種，例如鹿

角蘭、豆蘭、石斛、迷你型松蘭等附生蘭，以及金線蓮、銀線蓮、鳥嘴蓮、黃根節蘭、反捲根節蘭、黃鶴頂蘭等地生蘭，這一地帶空氣清涼，早上和煦的陽光透入林間，午後不久雲霧瀰漫，是非常理想的蘭花生長環境，同時也是苔蘚滋生的好環境。許多附生蘭都與苔蘚生長在一起，因此，苔蘚生長良好的林相，通常也是野生蘭聚集的地方。

如果您想要看的是特定的種類，那麼在出發前，最好對其分布區域、海拔高度範圍、棲身林相、生長環境、生長形式（氣生、石生還是地生）有一些概念，如此較能事半功倍。例如黃花石斛都分佈於台灣東半部，新竹石斛只出現在台灣西半部，而金草蘭幾乎都長在海拔1000至1500公尺的原始闊葉樹上，這些皆是顯著的例子，讓我們知道多數蘭花有其適應的自然界限，因此對它們的生育環境了解越多，便越能夠掌握其蹤跡。

插天山羊耳蒜似乎特別鍾情於竹林生態環境，看到它的機會十次有六、七次是在竹林間，圖中的插天山羊耳蒜生長於新竹尖石鄉海拔800公尺的竹林裡。

大花羊耳蒜分佈很廣，台灣各地及外島都有，尤其在北部低海拔地區特別常見，生長的林相不限於竹林，雜木林、闊葉林及針葉林裡也很多，它的花序挺拔，花朵呈深紅褐或深紫紅色，頗有觀賞價值。

野外裝備

賞蘭有點像登山，都是屬於山區的活動，需要類似的裝備，登山者在行進途中常可不經意遇到一些蘭花，但限於時程的安排，必須趕路，緩步略過或短暫停留遇到的多半是林緣的野生蘭種類。若是要看遍一地的各式蘭種，實有必要選定一處理想的環境，深入其間，作長時間的搜尋觀察，如果目的是要拍攝生態照片，那麼所需的時間會更長，此時便需要準備一些裝備。

台灣位處亞熱帶，尤其春夏季在低海拔山區，林內濕熱難耐，蚊蟲、蛇類經常出沒，最好穿著吸汗質料的長袖上衣及長褲。

腳底尤為重要，林內露水重又潮濕，溪邊多水蛭，宜穿著厚襪及防滑、防水且耐磨的登山鞋。枝椏間常有蜘蛛結網，為免蛛網掩面的尷尬，還是戴頂帽子較好。林間也常有多刺植物，因此最好能夠戴手套，以免在樹叢間穿梭時為尖物所傷。如果您是去中、高海拔山區，那麼還需攜帶一件防寒外套。

愈原始的密林中，愈有機會遇到奇蘭異花，可是這種環境行進困難，擦傷撞傷在所難免，因此有必要準備小型易攜帶的急救箱。還可以帶防蚊液及過敏藥膏。

蘭花多的地方，通常是較沒有人走過的地方，往往沒有明顯的路徑可循，且密林下多半陰森，能見度較低，有時會迷失在裡頭，因此指南針、乾糧及礦泉水是必備的物品。

此外，高度計、筆記本、量尺及望遠鏡等，也是賞蘭時常會攜帶的裝備，蘭花對生存環境相當敏感，尤其是對溫度的變化範圍有一定的忍受極限，因此，它們各有其分布的海拔高度範圍，如果見到某種蘭花時，手邊有高度計能記錄其生長地的海拔高度，對於日後要在別處找到它們，或是要栽培它們，都有參考價值。有些氣生蘭長在高樹上，肉眼不易辨識，此時，望遠鏡能夠幫助您欣賞到更多的種類。

賞蘭有時好像帶點荒野尋寶的味道，既期待又怕受傷害，如果事前能有周全的準備，攜帶足夠的裝備，那麼當您懷著滿足的心情，平安全身而退，該是件多麼讓人開心的事。

欣賞多樣性的棲地生態

台灣面積雖小，卻孕育豐富的自然物種，賞蘭之餘，常可巧遇形形色色的花草，可愛的昆蟲、爬蟲與鳥類，運氣好的話，還可碰到頑皮的台灣獼猴。賞蘭之行也可同時是台灣的深度之旅，讓我們見識壯麗的山巒、磅礡的林相，以及其內所蘊藏的多采生機。

您曾否見過佛焰苞長相如象鼻的天南星植物？您可曾遇過葉面寬達50公分的八角蓮？您是否看過三種野生的鳳仙花？您是否見過大型的蛇頭蛾停在樹葉上？或是莫氏樹蛙在杜鵑灌木上冬眠？或者有過赤尾青竹絲盤踞在枝頭上甩都不甩您的經驗？您見過美麗的高砂蛇嗎？您可曾遇過全身鮮綠的短肢攀蜥？或是碰上臉紅通通的獼猴王？這許許多多的驚奇巧遇，都是在賞蘭旅程中的所見所聞，若您也願意踏出野外賞蘭的第一步，相信一定會有更多更加精采的旅程在前面等待著您。

羽葉天南星（*Arisaema heterophyllum*）並不是很容易看到的植物，但在山上跑久了，總會遇到它一兩次，這株是在新竹縣竹林林道海拔800公尺的人造杉林裡看到的。

尋訪地生蘭時，偶爾也會發現大花細辛（*Asarum macran-thum*），它喜歡長在林緣陽光充足的土坡上，葉子狀似心葉葵蘭的葉子，兩者都有心型的葉片，但大花細辛不是蘭花，花生於葉下，貼著土面，花朵缺乏花瓣，三枚近似三角形的紫褐色萼片環繞萼筒而生，這樣特別的花形是細辛屬植物的特色。

巧遇停棲在及膝灌木枝條上的赤尾青竹絲，雖知牠是有毒的動物，仍被牠的美麗所吸引，於是架起相機猛拍，腳架移近到僅一尺距離，但見牠依然無動於衷，這次的經驗體會到只要我們不招惹牠們，牠們也不會主動攻擊。

第四章
野外賞蘭大圖鑑

多樣的棲地 豐富的蘭

野生蘭是指在山野間自然生長的蘭花，它們藉由物競天擇、交替演化的過程中脫穎而出的生存本能，適應特定的生育環境，生生不息繁衍茁壯。

台灣雖為蕞爾小島，但36000平方公里的面積裡涵蓋了高山縱谷、急流湍溪，境內地形錯綜複雜，垂直落差極大，且由於位處西太平洋一隅，北部為東北季風所左右，南部受西南氣流的影響，造就出熱帶、亞熱帶、溫帶及亞寒帶等多變的氣候環境，孕育了為數眾多的野生蘭，根據台灣植物誌的介紹，蘭科植物的總數多達322種，還有少數種類身分未定，尚未涵蓋在裡頭。

台灣處處有蘭蹤

台灣野生蘭分布的範圍幾乎涵蓋全島，由海濱、低地、丘陵、淺山、密林、溪谷、霧林乃至高山針葉林、箭竹林和草原，皆有各式蘭種生存於其間。它們各取所需，選擇符合自己生存條件的環境定居，尤以山區溪流沿線最受它們喜愛，未受人為侵擾的原始林則為蘭科植物最理想的家園。

蘭花為高等植物中相當進化的一群，大多數種類已演化成適應特定的氣候環境，對於溫度及溼度的變化相當敏感，譬如金草蘭多出現在中海拔1000至1500公尺霧林帶裡的原始闊葉樹上頭，往上及往下走就變得相當稀少，而在人造林裡幾乎看不到其蹤影，常在野外觀察的同好便能體會這樣的情形。不過，有少數蘭種的適應能力較強，能夠耐得住較大的氣候變化，就拿白及來講，由海邊經低、中海拔，綿延至高海拔，生長環境的高低落差幾乎達3000公尺之多。

擇地而棲

多數蘭花對於生長在何處或何種物體上常有所堅持，有的愛作日光浴，偏好向陽的地點，有的喜歡清涼，樂於陰濕的溪邊環

蘭花對環境溫度的感受敏銳，除了少數種類能承受大的溫度變化之外，多數野生蘭皆有一定的適溫範圍，例如臺灣根節蘭屬於低海拔的地生蘭，族群絕大多數分佈於低山淺山之中，尤其在北部地區海拔300至600公尺的各種林相當中都很容易看到。

豹紋蘭對於環境的取捨頗為堅持，因此看到它的地方幾乎都是在低海拔原始闊葉林的大樹上，像這樣特化成適應侷限範圍環境的植物，在蘭科植物裡不在少數。

黃松蘭為低海拔山區較有機會遇到的附生蘭，雖然在1000公尺以上的地方偶爾也會出現，但就整個族群的分佈趨勢與適溫範圍來論，黃松蘭屬於適應低海拔環境生長的蘭種。

助於您在廣鬱山林裡找到想要看的蘭種，指引您何種蘭花該在什麼樣的環境才看得到，在某一環境或林相有可能見到那些蘭花，該朝地面搜，還是該往樹上瞧。下次造訪山區賞蘭時，不妨運用一下對野生蘭生活環境的認識，試一試是否能找到想要看到的東西。

此外，蘭花為高度特化的植物，對於溫度、溼度、光線等環境條件有一定的適應範圍，除了少數種類適應性強，能在變化較大的環境生存之外，大多數種類僅出現在特定的區域。

我們都知道，海拔高度每上升100公尺，氣溫便下降攝氏0.6度，因此，海拔低的地區氣溫較高，海拔高的地方則氣溫較低。蘭花對於溫度的忍受程度格外敏感，每種野生蘭皆有其海拔分布範圍，我們便根據其所處的海拔高度，將它們劃分成低海拔的野生蘭、中海拔的野生蘭及高海拔的野生蘭。

境，有的長在地上，有的附於岩面或石壁上，有的獨尊枯倒木，還有許多選擇作寄樹族，著生於灌木、蔓藤、樹幹、枝條等的上頭。

了解野生蘭的生態，就好比有一張尋蘭地圖，有

低海拔的野生蘭

從海濱到海拔800公尺的山區，屬於低海拔亞熱帶雨林。這裡原本屬於闊葉林帶，生長著許多熱帶及亞熱帶蘭花，但因平地與低海拔山區大部份已經開墾，原始林幾乎砍伐殆盡，取而代之形成的是雜木林、人造杉林及竹林。

有些原本僅能在原始林生長的野生蘭種類，於是急劇萎縮，成了珍稀種類，例如北部烏來、福山至拉拉山一帶產的櫻石斛，與恆春半島產的木斛，都遭遇類此的情形。所以，低海拔的野生蘭種類和族群數量在人為重大干擾下起了很大的變化。

不過，有一些蘭種適應力較強，在原始林消失後，隨著次生林相的形成，又在人造林中繁衍開來，如許多根節蘭、羊耳蒜、軟葉蘭（小柱蘭）等地生蘭，以及鳳蘭、虎紋蘭等氣生蘭，便是其中的強者。有少數因適應人類耕作環境，也在果園、竹林內生存下來，像台灣風蘭便常在各種果樹上大量繁殖。

低海拔山區由於大部份原始森林已受伐木及墾殖，野生蘭種類和數量起了很大的變化，有的蘭種由繁盛而轉為稀有，不過有些蘭花的適應性強，在人為干擾的林相裡依然繼續成長繁衍，例如一葉羊耳蒜便是此類，除了生長於原始林之外，在次生林、雜木林、人造杉林裡的樹木或岩壁上也有，它喜歡溫暖、潮濕且空氣流通的環境，所以大都長在溪邊。

海邊、曠野和向陽坡地的野生蘭

　　野生蘭的種類繁多，它們為了爭取生存的機會，發展成各式各樣的策略，以便適應不同的環境，其中部分種類生長在海邊、曠野、坡地、田埂或護堤上，在毫無遮蔭的環境中，接受全日照的考驗，卻依然能自在繁衍。

　　這些野生蘭平常與野花野草混生，不易受到注意，只有在花開時節，人們才因著出眾的花朵而發現它們的存在。這類向陽性的野生蘭，有的長得像小草，如指柱蘭、綬草等。有的植株纖細，一副弱不禁風的樣子，譬如韭葉蘭。有的外形像極了芒草，例如白及、葦草蘭等。還有外像像野花的，多虧有一粒肥碩的假球莖，方才露出真實的身分，這類型的種類以禾草芋蘭為代表。

　　這一類野生蘭的花期主要在春季，少數在秋季開花。它們常出現在人們活動的場所，例如學校、公園、遊樂園、動物園、公路休息站、道路中央分隔島的草坪、火車站旁的草叢、河岸、海邊堤岸或岩壁、公路邊坡，以及山路旁坡地、護堤。下回經過這些地方，不妨多留意些，也許會有意外的發現。

葦草蘭　P47

台灣白及　P48

禾草芋蘭　P49

紫苞舌蘭　P50

綬草　P51

葦草蘭

葦草蘭的外形高高瘦瘦的，莖上下長滿了兩排線形的葉子，模樣很像蘆葦，所以取名為葦草蘭。常與蘆葦、萱草等禾本科草類長在一起，混生其間

顯然具有偽裝作用，不開花的時候，容易讓人誤認為是野草，所以注意到它的人並不多。它的花朵姿態宛若飛翔的鳥兒，在台灣鄉下多半稱呼它為「鳥仔花」，這個名字用本地話來說朗朗上口，業已深深烙印在野生蘭趣味者的腦海中。

本種在分類上屬於葦草蘭屬，這個屬僅此一種，是亞洲熱帶地區的廣佈種，東由喜馬拉雅山，經中南半島、中國南部、日本琉球，向西延伸至馬來西亞、印尼以及太平洋諸島。它的變異很大，各地產區的植株和花朵有不同程度的變化。

在亞洲許多國家，人們把它當作圍籬植物栽植。在歐美、日本的園藝專門店也有販售這種蘭花的假球莖。在國內因原產地已近絕跡，看到它的機會不多。不過，近年來已有學術單位、蘭商和趣味人士利用種子播種無菌繁殖方法，培育若干本地的葦草蘭，且有開花株在花市販售。有時也可在花市看到植株高大的葦草蘭，這些多半是從東南亞進口的，由花朵唇瓣的細部差異及顏色的變化就可看出。

學名：*Arundina graminifolia*
英名：Bird Orchid
別名：鳥仔花、竹葉蘭、禾葉蘭、長桿蘭
植株大小：60～150公分高
莖與葉子：具有假球莖，莖叢生，桿狀，細長如蘆葦，長50～130公分，葉子二列互生，生於全莖上，葉片線形，薄革質，長10～20公分，寬0.8～2公分，暗綠色。
花期：夏季、秋季至冬初

花序及花朵：花莖自莖頂生出，總狀花序著花5至10朵，每次開花1至2朵，花徑4～6公分，花白底帶紫紅色，唇瓣色澤較深，且帶黃色。
生態環境：山路旁坡地、田埂邊等陽光充足的地方，喜濕熱的環境。
分佈範圍：台灣低海拔地區零星散佈，極為稀少。生長海拔高度700公尺以下。

台灣白及

在我們日常活動的地方，只要多加留意，便有機會看到台灣白及。春天開花季節時，經過海邊的岩坡、高速公路的護坡、動物園裡的土石壁、近郊淺山的路旁邊坡，有時可見此起彼落的白紫色花兒懸在長長的花莖上，隨風輕拂，那可能就是台灣白及在向您昭告它的存在。

它的植株大小變化極大，有的開花株小到只有10公分高，而有的則可長到60公分高，儼然是大型地生蘭的架勢。通常平地及低海拔的植株可以長得很高大，中、高海拔的植株則以小型的居多。在南部橫貫公路海拔1500公尺原始林山路旁，澤漉漉的岩壁上所見的台灣白及，就屬於嬌小型的，植株高只有10公分左右，當時為夏季的八月天，正在開著花。而在台北木柵、南港一帶近平地處所見的植株多屬高大型，有些長到60公分，花莖將近100公分。

台灣白及的花朵清秀嬌羞，頗能討人憐愛，為適合栽培觀賞的草本植物，盆栽或花圃栽培都很適合。歐美、日本栽培它的人也很多，每年都有許多數量的栽培植株外銷到日本等地。它屬於落葉性植物，於秋末、冬初，地上部分的莖葉便會枯萎脫落，僅剩下埋於淺土中的假球莖過冬。

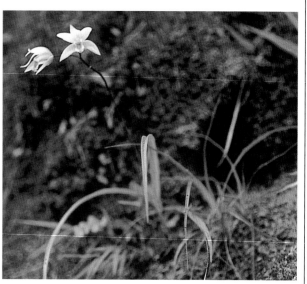

學名：*Bletilla formosana*
英名：White Rhizome Orchid
植株大小：10～60公分高
莖與葉子：地生性草本，假球莖球狀、卵狀、陀螺狀或不規則的壓扁狀，上生2至8枚葉子，葉片線形，長10～56公分，寬0.8～3.5公分，青綠色，紙質。
花期：春季至夏季
花序及花朵：花莖由假球莖頂葉間向上抽出，直立，有的具分支，長15～90公分，總狀花序著花5至30朵，由下往上開起，每次綻放1至3朵，花半張，花徑2～3.5公分，淺紫、紫色或近白色。
生態環境：向陽草坡、岩壁地生，喜潮濕、陽光充足的環境。
分佈範圍：台灣全島及外島蘭嶼、龜山島等，由海邊上至海拔3000公尺都有。

禾草芋蘭

台灣的芋蘭有四種，除了禾草芋蘭比較常見之外，像南洋芋蘭、紫芋蘭和山芋蘭等三種，都因產地局限之故，平常不容易見到。嚴格來講，禾草芋蘭原本產於中、南部地區，主要分佈於西海岸嘉義以南的海岸沙灘及溪床，然而，隨著沙石、土石散佈至全台各工程建地，在學校、公園、動物園、河濱綠地、公路休息站等許多原本不屬於它生長範圍的地方，如今也能看到它。

禾草芋蘭肥碩的假球莖外形有幾分像台灣一葉蘭和綠花安蘭，在自然環境中，假球莖基部埋於土中，上部則露出土面，每年冬末、初春，花莖由假球莖側上半部的節向上筆直抽出，高度可到50公分，花期由春天一直延續到年尾，總共長達10個月之久，大概只有扁蜘蛛蘭的花期可以與它相匹敵。

禾草芋蘭花朵初開時多半無莖葉，如果有的話也只是新生幼葉，要等到花期末或是夏季，莖葉才會快速成長，到了秋末天氣轉冷時，莖葉便從假球莖上脫落，冬季時僅留下假球莖渡冬。禾草芋蘭的假球莖很強韌，曾於台北木柵的公路休息站草坡，看見一棵假球莖被除草機削掉上半部的禾草芋蘭，不但沒有枯死，而且還抽出兩支花莖正常開花，禾草芋蘭的生命力之強，由此可見一斑。

學名：*Eulophia graminea*
英名：Grassy Eulophia
別名：美冠蘭
植株大小：25~35公分高
莖與葉子：向陽性地生蘭，假球莖陀螺狀或卵狀，長2~4公分，徑2~3.5公分，葉子青綠色，狀似禾草，線狀披針形，紙質，長20~30公分，寬0.6~1.5公分。
花期：春季至冬初，盛開期在春季至夏初。

花序及花朵：花莖由假球莖側上半部的節抽出，直立，長35~50公分，15至60朵，花徑2.2~2.8公分，花朵暗綠色，佈褐色脈紋，唇瓣白色，帶紫紅斑紋。
生態環境：海岸沙灘、開闊草地、溪邊砂石地地生，屬陽性植物，喜陽光充足、地面潮濕的環境。
分佈範圍：台灣全島由海邊至低海拔地區，海拔分佈由平地至1000公尺。

紫苞舌蘭

紫苞舌蘭的葉子表面有許多縱向縐紋，很像颱風草，這是它給人的第一印象。它是一種高大的地生蘭，較颱風草為細，但比台灣白及為粗。台灣白及也很像紫苞舌蘭，不過葉寬至多2.5公分，看起來比紫苞舌蘭細小。

在台灣，紫苞舌蘭並不常見，因為它產於外島地區，只有在蘭嶼和綠島才看得到。目前在市面上偶爾出現的本種植物，係多年前由蘭嶼帶回栽培而繁殖的，如今蘭嶼的野生植物已受管制保護，不再能夠隨便引進到台灣本島。紫苞舌蘭是屬於向陽性植物，需要充足陽光以維持其正常的生長與開花，所以在蘭嶼的原始生長環境，它多半生長於山路旁斜坡、田邊土坡、雜草叢間，或原始林內明亮處。

紫苞舌蘭雖然在台灣不常見，不過，它廣泛分佈於亞洲熱帶地區，產地由東到西包括印度、斯里蘭卡、中南半島、菲律賓、馬來西亞半島、印尼及新幾內亞等，可以稱得上是亞洲的廣佈種。在東南亞有些國家的居民把它當作庭園植物，種在圍籬邊來觀賞。

紫苞舌蘭的花莖係自假球莖基部側緣抽出，因長得又高又直，而且帶紫色，是相當醒目的花朵。紫苞舌蘭可盆栽，也可以充當庭園植物，直接種在花圃裡。栽培時切記，它是向陽植物，不同於多數半陰性的蘭花，充足的陽光是它成長開花所需的基本要件。

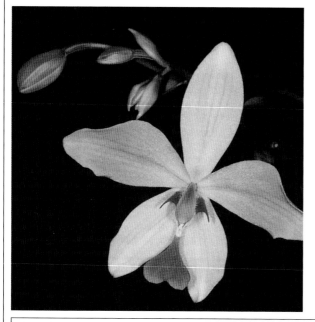

學名：*Spathoglottis plicata*
英名：Purple Spathoglottis
別名：蘭嶼紫蘭
植株大小：40~100公分高
莖與葉子：地生蘭，假球莖錐狀卵形，生有3至10枚葉子，葉片狹長橢圓形，表面具縱向褶痕，長40~70公分，寬5~6公分，綠色，紙質。
花期：花期不定，以春末至夏季居多。

花序及花朵：花莖自假球莖基部側緣抽出，直立，頂端因花的重量而略微下彎，長50~80公分，總狀花序著花5至15朵，花徑4~5公分，花朵淡粉紅、淡紫紅或淡紫色，唇瓣顏色深，花的壽命約2週。
生態環境：山區向陽草叢、坡地或雜木林，喜潮濕溫暖、陽光充足的環境。
分佈範圍：蘭嶼、綠島低海拔山區。

綬草

春天裡，在校園、公園等有空地的地方，有時可遇見一種花莖細長的小草散佈於草坪間，它的花小小的，白裡帶點粉紅色，一朵接著一朵由下而上螺旋排列於花莖上，模樣十分可愛，它就是名字很好聽的綬草。

綬草的植株外形與周遭的小草很像，若不開花，實在很難發現它的存在。

仔細端詳它的花朵，會發現它也是一種蘭花。它那螺旋排列的花序，使人聯想到廟宇門前石柱上的龍形石雕，因此坊間有人把它叫做「盤龍草」。它在春天開花，每年清明節前後，多數植株在此時盛開，所以也有人叫它「清明草」。

綬草是一種向陽性的草本蘭科植物，它跟多數的野花野草一樣，喜歡陽光充足的環境，如果把它跟一般蘭花聯想在一起，而

到有樹蔭的地方去找，那麼您大概會大失所望。想要欣賞它的野地風情，最好是在春天開花期間到空曠的地點去，校園、河濱公園、河床草地、動物園、垃圾場、公路休息站、安全島等人們活動的場所，只要仔細留意，也許就有機會遇到。在綬草生長的地方，有時也會看到線柱蘭和禾草芋蘭，它們都是生長在低海拔向陽草坡的地生蘭。

學名：*Spiranthes sinensis*
英名：Spiral Flower Orchid
植株大小：5～10公分高
莖與葉子：植株似小草，莖短不明顯，上生4、5片葉子，葉片線狀披針形，長5～15公分，寬0.4～1公分，深綠或深灰綠色，膜質。
花期：春季
花序及花朵：花莖由葉間向上抽出，直立，

長10～40公分，幾十朵小花呈螺旋狀排列，由下往上陸續綻開，花小，花徑0.6～0.8公分，白色，泛深淺不一的粉紅色，少數開全白花。
生態環境：平地、低海拔向陽地地生，喜地面潮濕、陽光充足的環境。
分佈範圍：台灣全島及外島蘭嶼、龜山島等，平地至海拔1000公尺都有。

51

低山雜木林與原始林裡的野生蘭

在低海拔地區，人類活動的痕跡遍佈，除了少數保留區仍存有原始闊葉林之外，就以森林砍伐後次第再生的雜木林佔的面積較廣。

想要看到比較多的野生蘭，最好還是到未受破壞的原始林去找。在台灣有些低海拔管制區、保護區或國家公園的原始闊葉林裡，仍有大量的野生蘭，例如烏來、福山植物園、南澳闊葉林保護區、屏東南仁山、墾丁國家公園等。外島蘭嶼也保有原始林相，那裡已知的種類有四十幾種，且若干種類僅在當地才能看到，例如紅花石斛、烏來閉口蘭、桃紅蝴蝶蘭（小蘭嶼）等。

在低山淺林的雜木林裡，雖然種類沒有原始林那麼多，但有些蘭花頗能適應半開發的環境，默默地繁衍開來，只要多跑幾處山區，還是可以找到不少的野生蘭種類。

瘤唇捲瓣蘭　P55

烏來捲瓣蘭　P56

大花豆蘭　P57

細點根節蘭　P58

連翹根節蘭　P60

台灣根節蘭　P62

長距根節蘭　P64

白鶴蘭　P66

長距白鶴蘭　P68

白花肖頭蕊蘭　P70

綠花肖頭蕊蘭　P71

大蜘蛛蘭　P72

 虎紋蘭　P74

 烏來閉口蘭　P75

 滿綠隱柱蘭　P76

 蓬萊隱柱蘭　P78

 長距石斛　P79

 細莖石斛　P80

 櫻石斛　P81

 紅花石斛　P82

 黃花石斛　P83

 黃穗蘭　P84

 黃絨蘭　P85

 大腳筒蘭　P86

 木斛　P87

 黃松蘭　P88

 一葉羊耳蒜　P89

 扁球羊耳蒜　P90

 恆春羊耳蒜　P92

 長腳羊耳蒜　P93

 淡綠羊耳蒜　P94

 寶島羊耳蒜　P95

大花羊耳蒜　P96

金釵蘭　P98

心葉葵蘭　P99

粗莖鶴頂蘭　P100

白蝴蝶蘭　P101

桃紅蝴蝶蘭　P102

黃繡球蘭　P103

豹紋蘭　P104

台灣風蘭　P106

異色風蘭　P108

短穗毛舌蘭　P109

台灣凡尼蘭　P110

雅美萬代蘭　P111

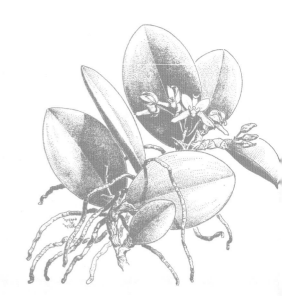

瘤唇捲瓣蘭

除了台灣之外，中國和日本也產瘤唇捲瓣蘭。台灣以北部台北烏來、福山、哈盆、三峽一帶的低海拔山區居多。在原始林或雜木林內，瘤唇捲瓣蘭喜歡聚生在溪畔潮溼遮蔭的地方，根莖綿延、縱橫交錯而成片狀攀附在樹幹或岩石表面，有幸相遇的幾次機緣，都讓人為了它們在林下孤立陰暗的角落所展現的生命力而振奮不已。

瘤唇捲瓣蘭的植株不大、花朵小小的。台灣還有非豆蘭、狹萼豆蘭、小葉豆蘭、白毛捲瓣蘭、紅心豆蘭、台灣捲瓣蘭、鸛冠蘭、黃花捲瓣蘭及朱紅冠毛蘭等有更矮小的植株，不過其中花朵大概就屬本種最迷你了，但仔細觀察，它的花其實蠻醒目的。

同種豆蘭如果生長在不一樣的環境，假球莖和葉子往往會有變化，因此在做種的辨認時，必須觀察入微才不致被表象所迷惑。綜觀瘤唇捲瓣蘭假球莖所有的特徵，也有助於釐清

它跟紫紋捲瓣蘭及黃萼捲瓣蘭間糾葛不清的類似。曾見紫紋捲瓣蘭的植株像極了典型的瘤唇捲瓣蘭，惟假球莖表面皺紋不明顯，根莖長，假球莖分佈稀疏，球與球的間距達2至4公分。黃萼捲瓣蘭也有長得很像瘤唇捲瓣蘭的，不同處是黃萼捲瓣蘭的根莖粗、球與球的間距較鬆散，葉子厚革質。

學名：*Bulbophyllum japonicum*
英名：Japan Bulbophyllum
別名：日本捲瓣蘭
植株大小：3～8公分長
莖與葉子：匍匐根莖纖細，球與球的間距不到1公分，假球莖卵球狀或長卵狀，長0.4～0.8公分，徑0.3～0.5公分，頂生一葉，葉片線形或長橢圓形，長3～8公分，寬0.5～0.8公分。
花期：春季或夏初，4、5月為盛開期。

花序及花朵：花莖自假球莖基部側面抽出，纖細，長2.5～5公分，每花序著花3至8朵，近繖狀花序，較密集，花徑0.4公分，長不超過1公分，花紅褐或紫紅色，上萼片和花瓣佈深色平行脈紋，唇瓣深紫紅色。
生態環境：原始林或雜木林內闊葉樹幹或岩石附生，生育地近溪流，多陰溼。
分佈範圍：全台灣都有，但以北部產量較多，生長海拔高度約300～1600公尺，在500～800公尺的山區較易發現其蹤跡。

烏來捲瓣蘭

台灣有21種以上的豆蘭，其中比較大型的有烏來捲瓣蘭、紋星蘭、傘花捲瓣蘭及穗花捲瓣蘭，而烏來捲瓣蘭則是其中的大哥大。雖不是台灣特有植物，卻是低海拔山區最具代表性的豆蘭屬植物。

在北部低海拔山區，較有機會碰到的豆蘭屬植物大致有烏來捲瓣蘭、紋星蘭、紫紋捲瓣蘭以及瘤唇捲瓣蘭。而烏來捲瓣蘭的葉子渾厚肥大，呈長橢圓的形狀，表面平滑帶有光澤，長相有模有樣的，野外看到了也不易混淆，很容易就可以認得出來。烏來捲瓣蘭多半生長在林內溪畔陰濕的闊葉樹主幹或粗枝分叉處，匍匐根莖串聯著假球莖而成叢附生在枝幹表面。因為喜生長在樹幹的較低處，較易被發現且觀察容易，因此廣為野生蘭愛好者所熟知。

每年夏季一到，烏來捲瓣蘭陸續由假球莖基部抽出花梗，長而纖細，前端扇形排列著3至6朵細長的花朵，淡黃綠色帶點紫色或紫紅色，上萼片、花瓣及唇瓣都小，側萼片像兩條尾巴，是整朵花最顯著的地方，當花朵完全展開時，側萼片末端向外翻捲，宛如一對翹鬍子。

學名：*Bulbophyllum macraei*
英名：Wulai Cirrhopetalum
別名：一枝瘤
植株大小：11～25公分長
莖與葉子：具匍匐根莖，假球莖密生，長橢圓形，長1～3公分，徑1～1.8公分，綠色，有光澤，頂生一葉，葉片長橢圓形，長10～22公分，寬3～6公分，暗綠色，有光澤，厚革質，葉柄長1～2公分。
花期：夏、秋之間開花，早開的在6月就有花朵，7、8月是盛開期，最晚的在11月仍零星綻放，早開的植株有的會再度開花。
花序及花朵：花莖自假球莖基部側面抽出，纖細，長10～20公分，每一假球莖生1至2花莖，每花序著花3至6朵，繖狀花序，花徑0.5公分，長3.5～4公分，花朵淡黃綠至奶油黃色，花瓣前端帶紫色。
生態環境：原始林、次生林或雜木林內闊葉樹主幹、粗枝或分叉處附生，生育地近溪流，多陰溼，夏季炎熱。
分佈範圍：台灣低海拔林內，以東半部居多，生長海拔高度200～1000公尺。

大花豆蘭

大花豆蘭的花朵大又鮮豔，是十分難能可貴的台產豆蘭屬植物。在台灣產的21種豆蘭當中，以大花豆蘭和阿里山豆蘭的花最大。大花豆蘭的花長3.5～4.5公分，花被內面和唇瓣深染成大紅色，像豔光四射的大美女；阿里山豆蘭的花長及花徑都在4公分左右，純純的白綠色，在陽光餘暉的照映下，散發出晶瑩的質感，宛如極具內涵的成熟女子。

大花豆蘭在過去常被叫作龍鬚蘭，那是因為花朵的上萼片和花瓣邊緣毛絨絨的，十分顯眼，上萼片和花瓣邊緣的紅毛像眼睫毛，花瓣末端的毛更長，像極了鬍毛。

大花豆蘭的植株跟毛藥捲瓣蘭有點像，只是本種的根莖拉長，球與球間距最大可到10公分，假球莖是長卵狀而不是卵狀，葉片邊緣稍微向內捲。

大花豆蘭在國外也有，目前已知產於南亞的印度及斯里蘭卡的中海拔山區。在台灣僅出現於恆春半島一帶，屬於低海拔植物，有的產區就在海岸附近。

學名：*Bulbophyllum wightii*
英名：Big Flower Bulbophyllum
別名：龍鬚蘭
植株大小：5～18公分長
莖與葉子：匍匐根莖上間隔2～10公分生一長卵狀假球莖，表面光滑，長1.5～4公分，徑0.8～2公分，頂生一葉，葉片長橢圓形或線狀長橢圓形，長3～15公分，寬1～2.5公分，深綠色，革質或厚革質。
花期：秋、冬季至初春，10月至翌年4月。
花序及花朵：花莖自假球莖基部側面抽出，強韌而呈斜向上或近平行，長10～15公分，每花序著花2至4朵，繖狀花序，花長3.5～4.5公分，花徑2～2.5公分，花朵黃綠底，花瓣及萼片內面密佈紅色細斑，唇瓣深紅色。
生態環境：原始林內闊葉樹主幹或粗枝表面附生，喜歡溫暖潮溼、半透光且空氣流通的環境。
分佈範圍：台灣本島南端恆春半島零星發現，族群量少，分佈局限在低海拔，生長海拔高度100～400公尺。

細點根節蘭

細點根節蘭的葉柄既直又長，頂端撐著一枚略帶橢圓的小葉片，看起來好像玩具用的小號網球拍，這是細點根節蘭最容易的辨認特徵。細點根節蘭為叢生植物，三到八株莖部相接，根系交錯，聚生成簇。它的葉子會自然地向外傾斜，整叢的暗綠色葉子呈輪狀向四面八方輻射開來，頗為整齊美觀。

由於受地理因素的影響，細點根節蘭的棲息範圍並不廣。因此想要欣賞它的野外英姿，最好能事先獲取其產地的資訊。細點根節蘭主要集中在北部

學名：*Calanthe alismaefolia*
植株大小：25～50公分高
莖與葉子：根莖不明顯，假球莖密生，棒狀或柱狀，長3～4公分，葉子2至6片，葉子全長21～50公分，有長柄，葉柄長8～20公分，葉片卵狀橢圓形或橢圓狀披針形，葉片長8～20公分，寬5.5～14公分，具鑲嵌式凹凸紋，紙質，深綠色至暗墨綠色。
花期：春末至仲夏，5、6月居多。
花序及花朵：花莖自假球莖側葉間抽出，每株生一或偶見二花莖，長25～60公分，頂部總狀花序著花9至35朵，花長1.6～3公分，花徑1.2～2.5公分，花朵白色，微泛紫暈，花瓣及萼片小且半張，背面前半部密生綠色細斑及黑褐細毛，唇瓣特別大，約佔整朵花的四分之三長度，呈三裂，兩邊的側裂是長條形的，其中的中裂特大，是扇形的，前端呈綫狀裂開，裂口深度約中裂長度的一半，唇瓣上的瘤狀物金黃色。
生態環境：原始闊葉林、針葉林、或竹林內地生，多生於陰溼林床，屬陰性植物。
分佈範圍：台灣北部及東北部，向南及於新竹，向東止於宜蘭。分佈海拔高度400～1300公尺，以海拔600～1000公尺較多。

一帶，台北、宜蘭、桃園和新竹都有，尤以新竹一帶數量最多，在某些林區裡，是林下的優勢蘭種。

細點根節蘭的花期在春夏之交，因此理想的賞花時節是在五月和六月。它的開花性不錯，一叢當中通常有幾支花莖開著花，每一花序多有10至35粒花苞。花朵並非一次同時綻放，而是由下而上一次展開3到8朵，當已開的花朵唇瓣由白轉為肉色接近尾聲的時候，另一輪花苞便已蓄勢待發微微撐開，整叢植株花朵完全開完常需一個多月的時間。因此只要是在花期當中造訪，多半能夠盡興而歸。

細點根節蘭的花為長型的，色調以白色為主。花裂外面密密麻麻佈滿綠色細點和黑褐細毛，它的名字就是由這個特徵來的。扇形的唇瓣特別大，是整朵花的焦點所在，有全白色的，不過有些微泛紫暈，花開後二至三日，白色的部位會轉成肉色。整朵花予人素雅有致的感覺，好像西方中世紀穿著禮服的優雅淑女。

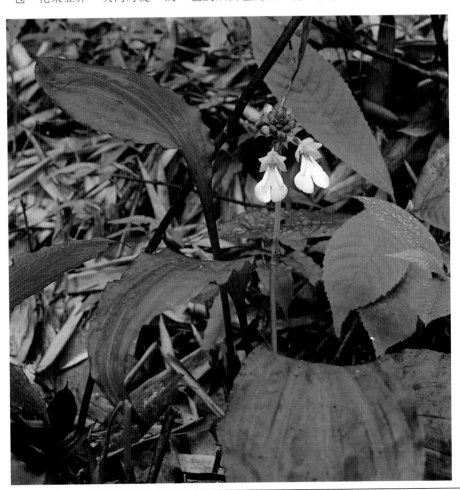

連翹根節蘭

每年的一、二月正值天冷的時候，大多數植物都在休眠躲避寒冬，此時山區一片灰綠，看不出多少生氣，而連翹根節蘭確是林中的異數，不顧冷颼寒風，兀自挺起粗壯的花莖，孤芳自賞地綻放開來，為荒野帶來一股生氣，也讓來者感受到一份意外的驚喜。

連翹根節蘭的花小且又不太張開，並無特別吸引人之處。然而它的美在於花序，那白裡透明的一層層細長苞片裡，裹著幾十朵小花，整個未開部份的花序，宛若閉合時的曇花。當鮮黃的花兒蹦出半開不久後，那枚呵護它的苞片便功成身退地飄然落去。因此，常見花序上形成兩種截然分明的景象，下部是一朵朵半開或半閉的黃花，上部則為狀如曇花的苞片集合體，既特別又優美。

連翹根節蘭為大型的地生蘭，植物體能長到80公分高，葉子最大的有110公分長。像它那樣體型的根節蘭並不多見，大概只有

學名：*Calanthe lyroglossa*
別名：黃苞根節蘭
植株大小：40～80公分高
莖與葉子：根莖粗，匍匐生長，假球莖錐柱狀，葉子3至9枚，披針形，長40～110公分，寬5～13公分，厚紙質，具褶扇式縱褶，綠色，無光澤。
花期：冬季至初春，2月是盛開期。
花序及花朵：花莖自假球莖基部側面抽出，花莖粗，長30～50公分，總狀花序，著花40至70朵，排列緊密，苞片大，長3～4公分，線狀披針形，花朵半張或近乎閉著，花徑1.5～2公分，距長約0.4～0.5公分，鮮黃色。
生態環境：闊葉林、針葉林、雜木林地生，常成叢聚生，喜陰濕或半透光環境。
分佈範圍：台灣零星分佈，蘭嶼也有。分佈海拔高度300～1500公尺。

台灣根節蘭能與之抗衡。由於兩種植株的大小相當，長相相似，且經常在林內混生，連翹根節蘭因知名度較低，往往被當成是台灣根節蘭。不過，兩者在幾方面有差異，可供辨別。台灣根節蘭葉子上的褶扇式縱褶較突顯，葉面稍微起伏，有光澤，花期從九月到十一月，花透明黃色且張開。而連翹根節蘭的葉面平坦，無明顯光澤，花期從一月到三月，花期並無重疊，花是鮮黃色的，半張或近閉。下回到山上去，不妨試試看是否可以清楚辨識。

連翹根節蘭跟輻射根節蘭也很像。不過，輻射根節蘭的株身較小，通常不高於50公分；花朵雖為半張，或甚至閉著，但唇瓣不裂且基部無距。而連翹根節蘭的唇瓣三裂，基部向後生出一管狀距。

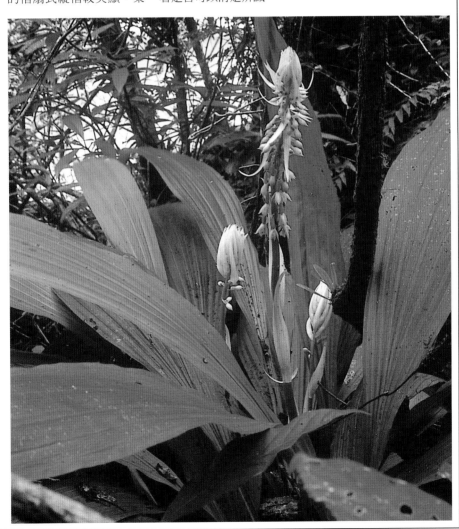

台灣根節蘭

在大台北的淺山近郊，走在樹林裡或竹林內，常會遇到台灣根節蘭成叢散佈於林間，有的林子裡，它的數量既多又大叢，簡直可以用「臭賤」兩個字來形容。可是，一旦走出大台北地區，不管是往東或是往南，它又變得不常見，僅能在宜蘭、桃園、新竹、台東等有限的地點發現，屏東稍多，但也不如台北那麼茂盛，如果用「少見」來形容，一點也不爲過。

因此，台灣根節蘭足可稱得上是台北的代表性根節蘭。如果要它改名爲「台北根節蘭」，相信並不爲過。雖然白鶴蘭在台北一帶也很普遍，但爲零散分佈，密集度及數量遠不如台灣根節蘭，且白鶴蘭廣泛分佈於全台灣，如果把「台灣根節蘭」這個名字給白鶴蘭，應該更爲貼切。不過，以上僅是強調區域內的族群密度和分佈範圍，名稱的選定有其時空因素，並有其他的考量點，並不必然要以上述的局限論點來定奪。

台灣根節蘭性喜叢生，藉根莖相連，聚集成簇。在未受干擾的荒林裡，有時可看到數十株聚生形成大叢，相當壯觀。台灣根節蘭是大型的地生蘭，株身能長到80公分高，站在旁邊，幾乎可及腰間。形狀窄橢圓形的葉子能長得很大，最大的葉片可長到一公尺長，因爲這樣的緣故，早期山區的住民於端

學名：*Calanthe formosana*
異名：*Calanthe speciosa*
英名：Taiwan Calanthe
別名：粽葉根節蘭
植株大小：30～80公分高
莖與葉子：根莖粗，匍匐生長，假球莖柱狀，葉子3至9枚，披針形或窄橢圓形，長30～100公分，寬5～12.5公分，厚紙質，具褶扇式縱褶，黃綠、綠色或暗綠色，有光澤。
花期：秋季
花序及花朵：花莖自假球莖基部側面抽出，每株生1花莖，偶生2支，花莖粗，長30～50公分，總狀花序，著花20至80朵，排列緊密，花徑約2公分，距長約1公分，花朵半張，透明黃色，唇瓣顏色較深。
生態環境：闊葉林、針葉林、雜木林或竹林地生，偶見附生樹幹低處，常大叢聚生。
分佈範圍：台灣北部及南部，以及外島蘭嶼。產地包括台北天母、陽明山、金山、木柵、南港、新店、烏來、福山、石碇、三峽、坪林、四堵山、宜蘭雙連埤、番本山、桃園平溪、新竹竹林、屏東南仁溪、里龍山、台東。海拔高度100～1500公尺，台北地區海拔300～600公尺低山近郊產量多。

午節前，常會摘取其葉子來包粽子，所以過去又叫做粽葉根節蘭。

　　台灣根節蘭在秋天開花，總狀花序由幾十朵微帶透明的小黃花環繞著花梗組成，整個花序的樣子有點像瓶刷。花莖長度與株高相當，綠葉配黃花，給人清爽的感覺，十分具有觀賞價值。可惜的是，此時天候常不穩定，山區轉涼且經常下雨，明知某些地區族群極盛，可是能欣賞野地開花盛況的機會並不多。許多次都是已知它何時會盛開，再於預計的時間去觀賞，到了現場確實也看到了，只是開展的花朵，早已被之前的雨摧殘得七零八落。所以，能親睹其開花盛況者，算是相當有福氣。

長距根節蘭

長距根節蘭是山林裡典型的淺根性地生蘭,喜歡溪邊溼氣重、空氣又流通的陰涼環境。它的個頭蠻大的,屬於中、大型的植物,輕易就能長到半公尺高。而在台北烏來桶後溪所見的,則是一極端的例子。那裡沿線散佈著許多低海拔的根節蘭,其中有一大叢的長距根節蘭,其葉片既寬又大,長度直逼70公分。花莖也同樣可觀,經丈量達95公分之譜,簡直可以和花莖最長的白鶴蘭相匹敵。

長距根節蘭長得很像白鶴蘭,兩種野生蘭也常在

學名:*Calanthe sylvatica*
異名:*Calanthe masuca*
英名:Long Spur Orchid
植株大小:40～70公分高
莖與葉子:根莖不明顯,假球莖筒狀,密集相連,根徑0.2～0.3公分,葉子4至6片,葉片長橢圓形、倒卵形或倒披針形,基部窄縮成柄,葉長25～68公分,寬5～12公分,微帶波浪板式縱摺,前端尖銳,質地薄軟,紙質,青綠色或具暗灰綠色暈帶,有光澤。

花期:夏季至初秋,6至9月。
花序及花朵:花莖粗長,直立或微彎,長40～95公分,頂部總狀花序著花12至25朵,花徑3～5公分,花朵淡紫或淡紫粉紅色,唇瓣色澤較深,唇瓣基部有長距,長度2.5～4公分。
生態環境:原始闊葉林、針葉林、雜木林或竹林內成簇叢生,有地生,也有的長在伏地枯木上,分佈海拔高度250～2000公尺。

林間混生，雖然花朵大不相同，但看到的如果是沒有開花的個體，有時真會楞在那兒不知到底是誰。一般而言，長距根節蘭的葉子是明亮的草綠色，質地為柔軟的紙質，葉面較平坦，葉緣明顯呈小波浪狀起伏。如果從它的葉子仍然找不出線索，那麼根系應該是很有用的辨別部位。長距根節蘭的根多而細，根徑在0.2～0.3公分之間，而白鶴蘭的根大概是台灣產的根節蘭中最粗的，根徑有0.4～0.5公分。

長距根節蘭的花大、顏色又美，很有觀賞價值。粉粉的紫色花朵最大的有5公分寬，唇瓣基部向後伸出一長距，末端微往上翹，距長接近花的寬度，它的名字就是根據這個特徵而來的。花朵於綻開後數日逐漸變色，有的整朵花幾乎轉成橘色。唇瓣的變化尤多，曾遇過橘黃、橘色、橘褐乃至咖啡色的。盛開中的植株，經常同一花莖上，有不同顏色的花一起開著，實在美極了。野外巧遇，常為其出眾的美色所吸引，不自覺地猛按快門，著實吃掉了不少底片。

白鶴蘭

白鶴蘭是台灣低海拔最常見的野生蘭之一，它的分佈極為寬廣，由北到南，自東向西，甚至是外島，只要是林木扶疏野花野草自得的環境，都有機會一睹它的芳姿。即使是在人口稠密的大台北地區，舉凡內雙溪、陽明山、紗帽山、金山、天母、北投、木柵、石碇、新店、烏來、坪林等等近郊低山的人造林、雜木林或竹林，只要入林一探，往往能帶著滿足出來。

白鶴蘭是理想的庭園植物，非常適合栽植於花圃樹蔭下，或者盆栽置於陽光不會直射的地方。每年到了炎炎夏日，多數蘭科植物開花的興致大多已結束而忙著成長的時候，正是白鶴蘭一展花姿的時刻，只見一支支直挺有力的花莖由葉叢中竄出，頂端攜著一球球小白花，煞是好看。白鶴蘭的花挺有特色的，花瓣、萼片微朝下伸展，宛若展翅欲飛的白鶴鳥。唇瓣也很有趣，像個綁紅領結的小雪人。

白鶴蘭是根節蘭家族的一員，與台灣根節蘭、長距根節蘭同為低海拔常見的種類。台灣產的根節蘭為數不少，總共有17種原生種及一天然雜交種。其中的天然雜交種的名字叫作長距白鶴蘭，一見其名自然會聯想到，它應該是白鶴蘭與長距根節蘭的結晶，事實也是如此。在某

白鶴蘭的花朵以白色居多，有少數則為乳黃色，圖中的植株見於台北烏來的西坑林道。

學名：*Calanthe triplicata*
英名：White Crane Orchid
植株大小：25～60公分高
莖與葉子：根莖不明顯，假球莖柱狀、筍狀或錐狀，密集相連，根徑0.4～0.5公分，葉子3至6片，葉片狹長橢圓形、卵狀長橢圓形或橢圓狀披針形，長20～60公分，寬5～10.5公分，有波浪板式縱摺，前端尖銳，葉柄長10～20公分，紙質，草綠或暗綠色。
花期：夏季，6至8月。
花序及花朵：花莖粗長而直立，長40～100公分，頂部總狀花序著花20至80朵，花徑2～3.5公分，花朵白色，偶見奶油黃色，極少數個體開白底泛紫粉紅暈的花，唇瓣雙人形，唇盤上有一團紅色、橘紅黃、橘黃或黃色肉瘤。
生態環境：闊葉林、針葉林、雜木林或竹林內坡地或岩面腐植土地生，少數著生伏地枯木、樹木主幹、樹瘤或凹孔，喜林蔭下溫暖潮溼的環境。
分佈範圍：全島低海拔至中海拔下層普遍分佈，外島龜山島、蘭嶼也產，分佈海拔高度50～1500公尺，以海拔200～700公尺最常見。

些地點，白鶴蘭與長距根節蘭生長在同一片林子裡，而且它們的花期又有一段時間相疊，因而產生了這樣的後代。

白鶴蘭不僅在台灣十分普遍，更是廣泛分佈於亞洲熱帶及亞熱帶地區的野生蘭，北起日本南部、琉球群島，經中國南部、印度，南下至印尼、馬來西亞，即便是遙遠的澳洲、新幾內亞和南太平洋群島皆有其芳蹤。中國產的白鶴蘭曾輸入台灣，其株身矮小，葉子寬短，葉片為銀灰綠色的，植株與台灣產的不太一樣，只有葉片質地和波浪板式縱摺雷同。據推測可能係產地偏北或生長於較高海拔地區，引進栽植了兩年，植株成長緩慢，且無開花跡象。直到第三年才開了花，其花型和色澤與台灣產的相近，無明顯差別。

長距白鶴蘭

　　長距白鶴蘭是白鶴蘭與長距根節蘭在野外自生的雜交植物。它的出現，係由於其二親本白鶴蘭和長距根節蘭的分佈普遍，族群率皆繁盛，生長條件相近，且經常在樹林裡混生，而花期又都集中在夏季。有些好事的蟲媒，尤其是胡蜂類的，往往鑽進了白鶴蘭的花裡去探蜜後，又意猶未盡地跑到長距根節蘭那裡去盡興，無心地把白鶴蘭的花粉塊揹到長距根節蘭的柱頭裡，因而蘊育出兩種蘭花的中間型。當然在野外甚麼情況都可能發生，也有反向的授粉機制發生。因此，有的長距白鶴蘭比較像白鶴蘭，而有的又較接近長距根節蘭。

　　在台北烏來、坪林、三峽等地都發現有長距白鶴

學名：*Calanthe x dominii*
英名：Swan Orchid
別名：天鵝根節蘭
植株大小：35～50公分寬
莖與葉子：根莖不明顯，假球莖筍狀，密集相連，根徑0.3～0.4公分，葉子4至6片，卵狀長橢圓形或橢圓狀披針形，長35～55公分，寬7～10公分，有的葉子質地像白鶴蘭的，有的像長距根節蘭的，也有兼具兩者特色的。
花期：夏季，6至9月。

花序及花朵：花莖粗長而直立，長50～60公分，頂部總狀花序著花10至30朵，花徑3～4.5公分，花朵白色、淡紫粉紅色、紫色，有的花開數日後變橘色。
生態環境：原始闊葉林或雜木林內坡地或岩面腐植土地生，通常有白鶴蘭和長距根節蘭伴生。
分佈範圍：台灣低、中海拔零星散佈，已知產地包括台北烏來、福山、三峽及坪林、桃園熊空山、屏東老佛山、台東浸水營，分佈海拔高度250～1300公尺。

蘭的存在，它的周圍確實都生長著白鶴蘭和長距根節蘭。有趣的是，在烏來南勢溪岸崖壁一處狹窄的岩面上，生長著多叢白鶴蘭及兩叢長距白鶴蘭，長距根節蘭則著根於它們上方約五公尺的坡地上。其中的一叢長距白鶴蘭還跟一叢白鶴蘭手足相連結合在一起，好像長距白鶴蘭是在它的母親白鶴蘭的懷裡，若不是兩者同時在開花，還不知它們是多麼母子情深啊！由於植物沒有亂倫的問題，不禁猜想，極有可能發生回交的情形。因此，長距白鶴蘭有可能是白鶴蘭與長距根節蘭的雜交群，而不單只是雜交種。這種情形在中國產的球莖一葉蘭與雲南一葉蘭之間，就是一個例證。

長距白鶴蘭的花型及花色多變，有開白花的，好像是白鶴蘭花朵的放大版；也有開淺紫色花的，連花型都近似長距根節蘭，惟唇瓣中裂的裂口較深，不像長距根節蘭的唇瓣中裂為淺裂。儘管如此，長距白鶴蘭的的花朵變異，仍不脫它的二親本白鶴蘭和長距根節蘭的範圍。

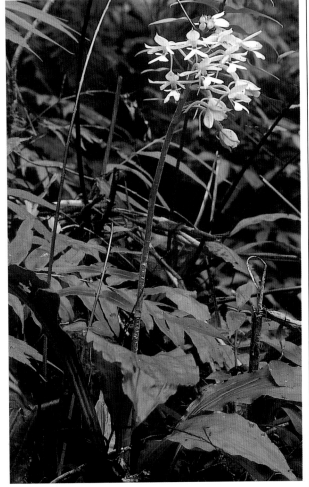

白花肖頭蕊蘭

覥腆的白花肖頭蕊蘭不愛拋頭露面，常混跡於綠花肖頭蕊蘭植群當中，在溼氣重重的林下蔭蔽一隅，過著隱居的生活。它棲身的環境多在近溪邊陰濕處，人們不常造訪，加以族群本就稀少，看過它本尊的人並不多。即使來到了它的生育地，但見此起彼落的綠花肖頭蕊蘭，真不知孰是孰非，實有近在眼前，遠在天邊之嘆。

白花肖頭蕊蘭的植物體形態幾乎與它的姐妹種綠花肖頭蕊蘭一模一樣，如不開花，光看莖葉實在很難辨別，僅能就它們的株身大小，作初步判斷。綠花肖頭蕊蘭的身形高挑，植株高度60至100公分。白花肖頭蕊蘭較矮小，看來像綠花肖頭蕊蘭的幼株。

白花肖頭蕊蘭在每年的十月揭開花季，直至翌年一月才近尾聲，花期持續約三個月。花不大，初開時花梗挺直，白色的花朵近乎寬展，一至二日後，花梗漸垂且花成半開狀，同時顏色從唇瓣開始轉為橘色，有如害羞臉紅而低頭掩面。它帶有香氣，盛開時湊近花朵一聞，能感受一股淡淡的芬芳撲鼻。花朵壽命約三到五天。

學名：*Cephalantheropsis calanthoides*
英名：White Flower Cephalantheropsis
別名：鈴花鶴頂蘭
植株大小：35～60公分高
莖與葉子：莖細長，長30～50公分，葉子5至7枚，長橢圓形，長25～35公分，寬4.5～6.5公分，紙質，綠色。
花期：中秋至冬季。

花序及花朵：花莖自莖中段的節抽出，長15～25公分，總狀花序，著花10至25朵，花徑約1.4～1.6公分，花初開白色，然後漸泛橘色，懸垂，近展開或半開，淡香。
生態環境：闊葉林內成簇地生，喜陰濕的環境。
分佈範圍：本島北部及南部零星發現。分佈海拔高度300～1000公尺。

綠花肖頭蕊蘭

肖頭蕊蘭種類不多，共有六種，分佈於亞洲熱帶及亞熱帶地區。其植物體形態像有莖型的鶴頂蘭，故過去被當作是鶴頂蘭。又它的花形似根節蘭，唯一的差別是唇瓣基部無距，因此也曾被歸在根節蘭裡頭。雖然它們現在是獨立的屬，但跟鶴頂蘭和根節蘭有近緣關係，則是不爭的事實。肖頭蕊蘭屬在台灣有兩種：綠花肖頭蕊蘭普遍分佈於全島低、中海拔山區，在低海拔淺山就很容易找得到；白花肖頭蕊蘭的族群稀少，遇過的人不多，僅於綠花肖頭蕊蘭出現的林子裡，偶爾會發現寥寥幾叢混生。

綠花肖頭蕊蘭是很典型的地生蘭，尚未見其長於地面以上的任何物體上面，喜歡選擇靠近溪邊的坡地，或是林間樹蔭下溼氣重的腐質土坡，作為立足之地。常成叢滿佈於林間的一整塊區域。綠花肖頭蕊蘭多生長於稍有坡度的地方，植株常呈傾斜姿態，向著下坡方向。它有一點挺特別，一叢當中新生的莖近直立，較老的莖略微傾斜，而最老的莖幾乎貼地，有的則被枯枝落葉半掩著。

花莖由莖上半段的節斜向上抽出，在野外通常會生一到三支花莖，不過曾見盆栽的植株單莖上一次抽出五支花莖，整盆盛開時近七十朵，形成一片花海，並散發濃郁的風信子般之香氣。

學名：*Cephalantheropsis gracilis*
英名：Green Flower Cephalantheropsis
別名：綠花鶴頂蘭、綠花根節蘭
植株大小：60～100公分高
莖與葉子：莖細長，長40～90公分，徑0.5～0.8公分，葉子5至10枚，長橢圓形，長20～40公分，寬4～7公分，紙質，綠色或青綠。
花期：秋末至冬季。
花序及花朵：花莖自莖下半段的節抽出，長30～50公分，總狀花序，著花20至30朵，花長約2.5公分，花徑約2公分，黃綠色，唇瓣鮮黃色，帶濃香氣。
生態環境：闊葉林、針葉林、雜木林或竹林地生，喜陰濕或半透光的環境。
分佈範圍：全島低、中海拔普遍分佈。分佈海拔高度300～1500公尺，以海拔300～800公尺較多。

大蜘蛛蘭

外形像隻大型蜘蛛，發達的根系由中心向四方輻射生長，莖只有一點點，成株完全無葉，感覺怪怪的，株身好像缺少了什麼似的，想不到它竟是蘭花，這是大多數人初見大蜘蛛蘭時的印象。因為無葉，植株端靠綠色的根行光合作用維持生長，在蘭科植物中相當與眾不同。

台灣另有兩種無葉附生蘭——蜘蛛蘭和扁蜘蛛蘭，習性跟大蜘蛛蘭類似，不過它們與本種不同一屬，蜘蛛蘭和扁蜘蛛蘭隸屬於蜘蛛蘭屬，而大蜘蛛蘭被歸在大蜘蛛蘭屬，該屬約有15種，產於南亞及東南亞，台灣僅產大蜘蛛蘭一種，為台灣的特有植物。

大蜘蛛蘭雖然長得怪模怪樣，花朵卻相當出色，花莖基部細而末端變粗，呈長棒狀，上面毛毛的，花交互生於兩側，少則幾朵，陳年老株花莖長，能開多達二十幾朵，花徑約1公分，因植株不大，相對而言花朵不算小，花形像梅花，初開時是白綠色，兩三天後轉成黃綠色，唇

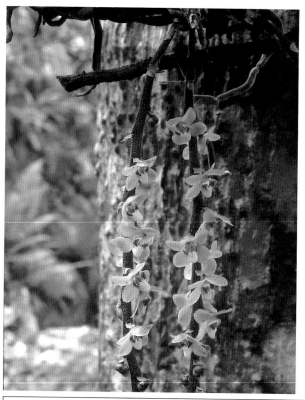

學名：*Chiloschista segawai*
英名：Large Spider Orchid
植株大小：5～40公分長
莖與葉子：莖極短，不明顯，植株以根系為主，根扁圓狀，長10～40公分，徑0.2～0.4公分，綠色或灰綠色，幼株花落後有的會生1或2枚葉子，葉片小，秋季脫落，成株大多無葉。
花期：春季
花序及花朵：花莖自莖側根間抽出，長棒狀，長5～25公分，水平或斜向下生長，墨

綠色，帶紅褐斑，表面密佈細毛，總狀花序著花3至25朵，花徑約1～1.2公分，花初開時白綠色，數日後轉黃而呈黃綠色，唇瓣白底帶褐色塊斑，有的花裂基部帶褐斑。
生態環境：低海拔原始闊葉林樹木枝幹附生，多生於溪畔或空氣濕度高的地方，喜溫暖、半透光的環境。
分佈範圍：主要產於本島中、南部，北部山區偶有發現，分佈海拔高度300～1000公尺，以海拔500～800公尺較常見。

瓣為白色又帶點褐斑，予人清爽明亮的感覺。

　　大蜘蛛蘭常附生在闊葉樹末端的細枝條上，它喜歡空氣溼度稍高的環境，但又怕水份殘留在根部過久，因此它選擇的枝條表皮並無苔蘚生長，想必生長環境通風良好。栽培時應注意水份控制，最好是固定在蛇木板或樹枝上，不必加水苔，因地面附近溼度較高，所以宜放在近地面處，掛在離地面30至50公分高的地方應有不錯的效果。

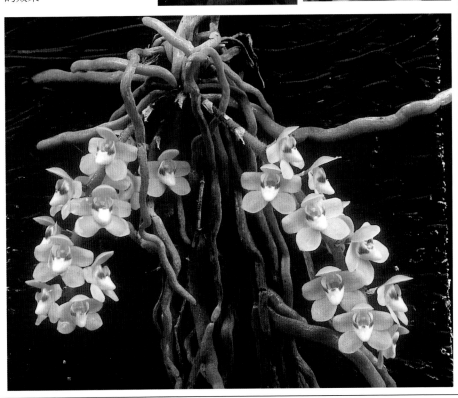

虎紋蘭

在低海拔淺山樹林裡、山路旁的樹上，可以找到一種外形像萬代蘭的植物，自低層樹幹到近樹冠層的枝頭，它靠發達的粗根結實地附著在樹皮上，從春末至仲夏，一支支愛分叉的綠梗由株身腰間抽出，上面沾滿黃裡帶褐的小花朵。

虎紋蘭因黃色花朵上帶褐色條紋，像老虎身上的花紋而得名。花屬小兒科，只有1公分寬，比起30公分的植株，不怎麼起眼，但它的花莖長，橫伸於半空中，靠著花密分支多，仍然有本事吸引人們的目光。

虎紋蘭很耐命，對環境的適應力強，不論身在潮濕陰森的杉林裡、強光照射的闊葉大樹上、或是乾燥悶熱的雜木林間，都能認命的調整身段，自在的成長繁衍開來。偶爾在林床撿到它，不知已在地上躺了多久，儘管表土層的陰暗浸濕，但它總是還活著。雖然如此，虎紋蘭仍舊偏愛空氣溼度夠的林相，在台北新店直潭山、坪林四堵山，可以看到陰濕的杉木枝幹上，長成大簇的虎紋蘭茂盛的散佈於林間。

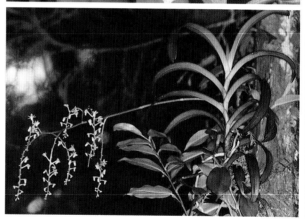

學名：*Cleisostoma paniculatum*
英名：Taiwan Cleisostoma
別名：台灣隔距蘭
植株大小：20～50公分高
莖與葉子：植株強健，根粗大，莖直立或彎曲，長10～40公分，葉二列互生，葉片線形，長10～20公分，寬1.5～2.5公分，革質，綠色或深綠色，微帶光澤，葉尖不齊二裂。
花期：春末至仲夏

花序及花朵：花莖自莖前半段斜向上抽出，多分支，弓狀或水平，長30～40公分，著花30至50朵，花徑約1～1.2公分，花朵黃色，帶縱向褐色條紋。
生態環境：闊葉林、針葉林、雜木林樹幹或粗枝附生，適應性強，喜濕熱環境，遮蔭、半透光或陽光直射的環境都有。
分佈範圍：台灣全島低海拔山區普遍分佈。海拔高度150～900公尺。

烏來閉口蘭

烏來閉口蘭在分類上屬於閉口蘭屬（隔距蘭屬），這個屬種類繁多，約90種，廣泛分佈於亞洲熱帶地區及新幾內亞島，台灣不是其分佈中心，僅產2種，除了本種外，另一種就是知名度高的虎紋蘭。

雖然兩種的名稱天差地別，然而，它們可稱得上是兄弟種，從植株外觀衡量，兩種的質地和大小相仿，如果擺在一起，很難分得出來。就連花莖和花朵也有點像，只不過烏來閉口蘭的花莖較短，分支少；而虎紋蘭的花莖約與植株等長，分支頗多，花朵寬展。

烏來閉口蘭在台灣僅產於蘭嶼，在台灣本島並無任何發現記綠，當初會被以烏來命名，是標本混淆所造成的誤解，它與烏來並無任何地緣關係。在林讚標博士的『台灣蘭科植物』第二冊中將其命名為「綠花隔距蘭」，似乎較能反映其性狀，而且能與其近緣種產生聯想，因為虎紋蘭也有人叫它「虎紋隔距蘭」。不過，2000年版『台灣植物誌』依然採用本名，為利於一致性，本書乃跟隨使用。

烏來閉口蘭僅產於蘭嶼叢林中，尤其在天池一帶過去族群繁盛，喜於大樹枝頭上倒吊著生長。在台灣本島認識它的人不多，且不曾於市面上出現過，唯一一次看到它的實體，是在中央研究院的原生蘭溫室裡，當時正值花期，花朵盛開著，因此得以留下珍貴的照片。

學名：*Cleisostoma uraiensis*
英名：Wulai Cleisostoma
別名：綠花隔距蘭
植株大小：30～45公分高
莖與葉子：莖強健，長20～30公分，莖直立或彎曲，葉二列互生，葉片線形，長10～20公分，寬1.5～2公分，革質，綠色，葉尖不齊二裂。
花期：春季、夏季初秋
花序及花朵：花莖自葉腋中抽出，近直立或水平，無分支或一至二短分支，長12～15公分，著花20到40朵，花徑約0.4～0.6公分，花朵綠色，唇瓣黃色。
生態環境：闊葉林樹木主幹或粗枝附生，喜陽光充足的濕熱環境。
分佈範圍：台東外海之蘭嶼島。

滿綠隱柱蘭

滿綠隱柱蘭的外形像野草，平常只長著三兩片橢圓葉，林間遇到了，未必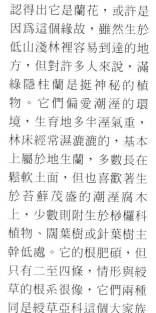認得出它是蘭花，或許是因為這個緣故，雖然生於低山淺林裡容易到達的地方，但對許多人來說，滿綠隱柱蘭是挺神秘的植物。它們偏愛潮溼的環境，生育地多半溼氣重，林床經常濕漉漉的，基本上屬於地生蘭，多數長在鬆軟土面，但也喜歡著生於苔蘚茂盛的潮溼腐木上，少數則附生於桫欏科植物、闊葉樹或針葉樹主幹低處。它的根肥碩，但只有二至四條，情形與綬草的根系很像，它們兩種同是綬草亞科這個大家族的成員。

滿綠隱柱蘭以其美麗的唇瓣知名，因此也被稱作「美唇隱柱蘭」。花莖於春天自葉柄基部旁邊生出，春夏之交長至植株的兩倍長時開花，屬於續花性，花朵由花序基部開起，每回綻放二至三朵，由初開至花期結束約一個月。花的形狀像人面蜘蛛，漂亮

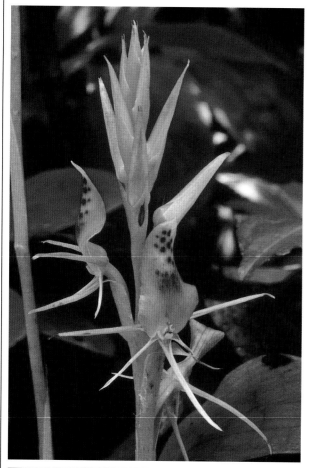

學名：*Cryptostylis arachnites*
英名：All-green Cryptostylis
別名：美唇隱柱蘭
植株大小：15～30公分高
莖與葉子：根莖短，根粗，僅少數幾條，葉直接長於根莖上，1至4枚，葉柄長6～14公分，葉片橢圓形或長橢圓形，長10～17公分，寬3.5～7公分，紙質，葉表綠色或暗綠色，葉背灰綠色，帶光澤。

花期：春末夏初
花序及花朵：花莖由葉柄基部抽出，直立，長25～50公分，每花序著花9～21朵，花徑約3公分，花裂白綠色，唇瓣橘色或橘紅色，中裂密佈紅斑。
生態環境：低海拔山區闊葉林、針葉林、竹林地生，喜陰濕或半透光的環境。
分佈範圍：台灣全島低海拔山區零星分佈，分佈海拔高度300～1500公尺。

的橘紅唇瓣特別寬大，狀似蜘蛛的身軀，淺綠的花被細而尖，有如蜘蛛的腳，這麼特別的花形，花色又那樣鮮豔，在台灣的蘭科植物當中，算是相當難得的。除此之外，還有一點很特別，就是花梗未翻轉180度，以致花的唇瓣在上，花瓣及萼片在下，而一般蘭科植物於開花的過程中，花梗會翻轉180度，所以常見的花朵是唇瓣在下而花被在上。

滿綠隱柱蘭與蓬萊隱柱蘭是一對姊妹花，兩者外形相近，花同樣是橘色系的，只不過顏色深淺和唇形略有差別罷了，如果要辨認，最好是看葉子比較準，滿綠隱柱蘭的葉片為橢圓形或長橢圓形，比較尖長，全葉呈綠色，所以名稱中冠上「滿綠」兩字。蓬萊隱柱蘭的稍微寬圓，形狀是卵形或卵狀長橢圓形，葉面青綠色，上面有許多暗綠色胎記。有趣的是，它們雖關係密切，但不常碰面，滿綠隱柱蘭分佈較廣，由北到南都有，蓬萊隱柱蘭則僅產於恆春半島和東部零星地點。

蓬萊隱柱蘭

長著兩三片如萬年青的葉子，葉面上散佈暗綠色的胎記狀斑紋，好像擺在家裡的觀葉植物，看起來普普通通的，並不會覺得有什麼特別，可是一旦開花時，卻常使人格外驚喜，沒想到它竟是蘭花，而且花朵還那麼漂亮。

花莖筆直地由葉間豎起，長約為株身的兩倍，上面整齊排著十至二十餘朵尖錐狀花苞，每次綻放二至三朵黃褐底帶紅褐斑的花朵，特別的是花梗未翻轉，所以唇瓣在上，花裂在下，樣子像人面蜘蛛，讓人印象深刻。

蓬萊隱柱蘭是隱柱蘭在南部的代表種，主要生長於台灣南端恒春半島的低海拔森林，如屏東里龍山、茶茶牙賴山、牡丹、台東大武等山區都有，而里龍山是一分界嶺，往北就很少見，僅花蓮茂林和台東等少數地方偶爾發現。滿綠隱柱蘭的分佈廣，由屏東里龍山往北至台北烏來都能找得到，兩種隱柱蘭在里龍山自然形成地理隔離，這樣的情形很像台灣野鳥中的白頭翁與烏頭翁，白頭翁棲息於北、中部，而烏頭翁分佈於東、南部。

學名：*Cryptostylis taiwaniana*
英名：Taiwan Cryptostylis
植株大小：15～30公分高
莖與葉子：根莖短，根粗，僅1至4條，葉直接長於根莖上，1至4枚，葉柄長5～20公分，葉片卵形或卵狀長橢圓形，長6～18公分，寬3～8公分，紙質，葉青綠色，帶暗綠色塊斑，葉背灰綠色，微帶光澤。
花期：冬末至初春

花序及花朵：花莖由根莖抽出，直立，長20～50公分，每花序著花8～25朵，花徑約3～4公分，花裂白綠色或帶褐色，唇瓣黃褐色，中裂密部紅褐斑。
生態環境：低海拔山區闊葉林地生，喜陰濕或半透光的環境。
分佈範圍：台灣僅恆春半島較多，東部山區零星分佈，分佈海拔高度100～1000公尺。

長距石斛

長距石斛的生長習性蠻特別的，它是以倒吊的方式，附著在樹上，而且莖會生分支，這種生長方式與新竹石斛很像。由觀察發現，長距石斛每年由最末端的分支側生出新的分支，隨著歲月的累積，莖呈Z字形增長，陳年的植株甚至超過1公尺長。每一分支由多節組成，節間呈倒角錐狀圓柱形，分支的基部瘦細，向末端逐漸變粗，連接根系的主幹，它的基部與分支的基部一樣細，但卻承載著整株的重量，韌性相當的驚人。

每年到了十月，便開始有長距石斛開花，接下來的一個半月，各地的植株陸陸續續綻放，最晚的也會在十二月初做個了結。花莖係由前一年已落葉的分支上各節抽出，花軸很短，但花梗較長，花莖上通常著生2、3朵花，最多則有4朵。它的花朵大小屬中等，花徑大概在3、4公分之間，花苞張開並不完全，往往呈半開狀，樣子有點像鷹爪，所以也被叫做鷹爪石斛。它的唇瓣基部向後伸出管狀的長距，這就是長距石斛名稱的由來。此外，這種石斛最初是由日本人在巒大山發現的，所以也有人叫它巒大石斛。

學名：*Dendrobium chameleon*
英名：Rantashan Dendrobium
別名：巒大石斛、鷹爪石斛
植株大小：40～120公分長
莖與葉子：莖由側生的分支連結而成，每一分支又由多節組成。最末端的新分支才有葉，葉子二列互生，葉片披針形，長3～5公分，寬0.7～1.5公分，帶光澤綠色，薄紙質。
花期：秋季至冬初
花序及花朵：花莖由前一年的分支上各節抽出，每花序著花1至4朵，花徑3～4公分，花朵白底色，有光澤，花被佈縱向平行的紫紅或紫色線條，少數個體花朵不具紅色素，線條變成綠色。
生態環境：原始闊葉林內溪畔陰濕處倒吊附生在樹幹或橫枝上，有的也附生在岩壁上，喜潮溼、通風的環境。
分佈範圍：台灣全島低、中海拔森林內零星分布。分佈海拔100～2000公尺，以100～500公尺的低海拔山區較多。

細莖石斛

植株細細長長的，乍看像極了野草，這就是細莖石斛給人的第一印象，所以，蘭界有人稱呼它禾石斛，或是禾草石斛。「細莖石斛」這個名稱需要特別注意一下，在中國的一本蘭花書籍『中國野生蘭科植物彩色圖鑑』裡也有介紹「細莖石斛」，不過，它所指的植物是台灣的白石斛，而不是本種。

細莖石斛產於台灣中、南部低山區，它很隨性，岩壁、山路旁土石壁，或是闊葉林樹幹，都可以是它的落腳處。這種石斛並不常見，但生長的地方多半大群叢生，數量很多。它善於偽裝，尤其是長在土石壁的植株常與雜草混生，要發現並不容易，因此細莖石斛的實際族群分佈應比已知的來得寬廣，是相當合理的推斷。

細莖石斛性喜成叢生長，往往數十或成百的莖密生在一起。莖常有分支發生，且容易長高芽，增殖速度頗快。它的葉子主要長在莖末段約三分之一部份，花莖則自葉的下方，也就是莖中下段的節抽出，每一花莖著花一、二朵，但因成簇叢生的習性，一叢盛開時還是頗有看頭的。小白花半張，單獨一朵花不太顯眼。總之，細莖石斛的特別在於它與禾草的偽裝關係，以及成叢所展現的整體美。

學名：*Dendrobium leptocladum*
英名：Thin-stem Dendrobium
別名：禾石斛、禾草石斛
植株大小：20～50公分長
莖與葉子：莖纖細，略呈彎曲或下垂姿態，莖形狀細長圓柱狀，易生分支或高芽，前段生葉，葉子似禾草的葉子，葉片線形，長5～10公分，寬約0.5公分，綠色，紙質。
花期：夏季至秋季，間歇性開花。

花序及花朵：花莖由莖基末段未著葉的節抽出，每花序通常著花2朵，花朵半張，白色，唇瓣上密佈纖毛，中央有一縱向塊斑。
生態環境：闊葉林內樹木枝幹或岩壁附生，也在山路旁土石壁著生，喜潮溼、陰涼或半透光的環境。
分佈範圍：台灣本島中、南部低海拔山林。海拔高度500～1000公尺。

櫻石斛

櫻石斛的外形與春石斛很像，兩種都有青綠色而稍微帶透明的莖，以及白色帶紫粉紅色的花朵。如果把這兩種擺在一起，櫻石斛恐怕會被當作是營養不良的春石斛。不過，櫻石斛的莖扁且微作Ｚ字形彎曲，這正是它的主要辨認特徵。

本種現存族群相當稀少，分佈範圍僅侷限於北部一隅。根據野生蘭界老前輩的說法，幾十年前當福山的原始林尚未砍伐時，闊葉樹上附生的櫻石斛相當茂盛，總數約數以萬計。如今，僅有在未被砍伐的少數闊葉大樹上，才能偶爾窺見其身影。

石斛為蘭科中的大家族，野生的種類就有上千種，人工培育的雜交種更有數千種之多。在蘭界，一般依開花的季節，把它們概分成「春石斛型」與「秋石斛型」兩大類。春石斛型的石斛有野生種，也有培育的品種，我們通常就把春天開花的石斛概稱為「春石斛」。它們都是相當有觀賞價值的植物，每年入春開始，便是它們的銷售旺季，儼然成為花市中的主流商品。而這些人工培育的品種，大多數都是由一種野生的石斛（*Dendrobium nobile*）所演變而來的，這種野生石斛就是所謂的正牌之春石斛，它是眾多人工培育品種的始祖，而櫻石斛與真正的春石斛有近緣關係，兩者稱得上是姐妹種，由此可知櫻石斛的園藝價值。由於開花性極佳，當大叢的櫻石斛盛開時，滿滿的紫紅花，配上黃綠油亮的老莖和新芽上的草綠色葉子，櫻石斛的媚力就在這時候做了最佳的詮釋。

學名：*Dendrobium linawianum*
英名：Cherry Dendrobium
別名：櫻花石斛、金石斛
植株大小：30～50公分高
莖與葉子：莖基部細，向上變粗，呈微扁壓狀，具縱溝，葉片長橢圓形，長4～7公分，寬2～3公分。
花期：3月至5月
花序及花朵：花莖係由無葉的老莖上半段的節生出，每花序著花2至3朵，花徑約3.5～5公分，花白底色，花被前端帶紫色或紫粉紅色，唇喉兩側有一對淺紫色眼斑。
生態環境：低海拔原始闊葉林內大樹近樹梢橫枝成叢附生，喜潮溼、通風、陽光充足的環境。
分佈範圍：台灣本島北部，台北縣烏來南方山區，從福山至桃園復興鄉巴陵一帶，苗栗南庄都有發現紀錄。分佈海拔高度400～1200公尺，以500～600公尺發現較多。

紅花石斛

　　紅花石斛又叫蘭嶼石斛，只生長在蘭嶼島上的熱帶叢林裡，因蘭嶼的植物管制輸出，多年來在台灣的花市已不易見到野生的植株，僅在趣味者手上和少數蘭園當中偶爾尚可見到。這種石斛在鄰國菲律賓也有，近幾年在花市出現的本種植物，幾乎是菲國進口的。

　　紅花石斛有兩個親緣種，即黃玉石斛及紫藍石斛，它們都產於菲律賓。黃玉石斛的植株與紅花石斛很像，只不過花是黃色的。而紫藍石斛的莖也像紅花石斛，但習性呈倒垂生長，且有分支，類似長距石斛（戀大石斛）的模樣，要區分它們並不困難。

　　這種美麗的石斛原本在蘭嶼相當常見，

在島上的叢林裡大多著生於各種榕樹枝幹上頭。可是自從開放觀光以後，當地原住民投遊客所好，大量採集出售，使得族群一度瀕臨絕跡。後來政府管制輸出，原生地經長時間休養生息，已有復原之勢，近年來到蘭嶼調查的研究人員，常能拍攝到紅花石斛的生態照片。同時，私人蘭園與個人收藏者陸續做出許多播種瓶苗，滿足了愛蘭者的栽培樂趣，因此，野生的植株不再被熱切追求，蘭嶼的紅花石斛得以生生不息繁衍下去。

學名：*Dendrobium miyakei*
異名：*Dendrobium victoria-reginae* var. *miyakei*
英名：Botel Tobago Dendrobium
別名：蘭嶼石斛、紅石斛
植株大小：40～80公分長
莖與葉子：密集叢生，莖粗長多節，末段彎曲，長40～80公分，徑0.8～1.5公分，節間肥短，倒角錐狀圓柱形，新莖綠色，有的被覆灰色殘餘葉鞘，無葉的老莖帶咖啡色。葉子二裂互生，葉片披針形，深綠色，帶光澤，長6～10公分，寬1.2～2.2公分。
花期：3月至11月，春末至夏初開花居多。
花序及花朵：花莖由無葉的老莖前半段的節抽出，花軸短，著花6至10朵，密生成半球狀，花朵小，花徑約1～1.5公分，花色紫紅色，帶深色條紋。
生態環境：低海拔熱帶海岸林樹幹上附生，喜暖溼、通風、半遮蔭的環境。
分佈範圍：僅產於外島蘭嶼。海拔高度200～500公尺。

黃花石斛

二十幾年前，台北市建國花市剛成立時，常有原住民擺地攤販售台灣野生蘭，黃花石斛便是當時常見的一種，一把一把地攤在地上，可見當時北部地區產量相當的多。惟經長年來的森林砍伐，低山地區林地開墾，如今的黃花石斛已淪為稀有品種，僅在宜蘭、花蓮及台東一帶尚有零星分佈。

一般的印象總認為黃花石斛體型不大，植株至多50公分長，可是世事難料，在宜蘭山區曾發現莖長150公分的大型植株，比台灣最大的石斛金草蘭還要大。

黃花石斛為附生性植物，在原始闊葉林裡，或偶爾在人造杉林內，它多半生長在樹幹、枝條或林下岩壁，也曾於溪畔岩石上看到它與蘆葦混生。較特別的經驗是在花蓮低海拔山區，一叢黃花石斛生在溪流中央之大石頭上的雜草堆間，頂頭沒有樹蔭，早上及中午都直接被陽光照射，卻依然長得好好的。

黃花石斛的植株型態近似白石斛，尤其是中小型的植株很容易與褐莖型的白石斛混淆，但白石斛的葉片是披針型，這兩種的葉子質地都是紙質，不過，本種質地稍厚一些。

學名：*Dendrobium tosaense*
英名：Yellow-flowered Dendrobium
植株大小：20～150公分長
莖與葉子：莖叢生，直立或懸垂而前端橫走，長20～145公分，徑0.4～0.9公分，長圓柱狀，基部細，新莖綠色，老莖灰黃褐色。葉子二裂互生，葉片長橢圓形，深綠色，長2～8公分，寬1.5～3.5公分。
花期：春季至夏初
花序及花朵：花莖自已落葉的老莖前段的節抽出，每花序著花2至5朵，花徑約2～3.5公分，花朵初開呈淡綠色，二、三天後漸轉為黃綠或乳黃色。
生態環境：闊葉林或偶爾針葉林內樹木枝幹或林下岩壁附生，半遮蔭或近全日照、通風良好的環境。
分佈範圍：台灣本島東半部低海拔山區，分佈區由台北縣沿著東部低山區經宜蘭、花蓮、台東，而至屏東縣。分佈海拔高度100～1200公尺。

黃穗蘭

蘭嶼過去叫紅頭嶼，因盛產蘭花而更名為蘭嶼，島內知名的蘭花包括白蝴蝶蘭、管唇蘭（紅頭蘭）、紅花石斛、燕子石斛及紫

苞舌蘭（蘭嶼紫蘭）等，黃穗蘭同樣也是蘭嶼具有代表性蘭花之一，雖然台灣恆春半島的里龍山也出產一些，但其族群主要還是分佈在蘭嶼的熱帶叢林裡，過去為當地普遍的附生蘭，因花朵美具有觀賞

價值，島上原住民採集出售的頗多，一度族群數量減少，不過近年山區人為干擾少，族群有增加之勢，前往蘭嶼研究植物的人士有時會拍回生態照可以為證。

黃穗蘭在分類上隸屬於穗花一葉蘭屬，該屬有100種左右，鄰國菲律賓是主要產區之一，穗花一葉蘭的種類非常多，其中包括黃穗蘭在內，而恆春半島里龍山產的黃穗蘭則是本種分佈的最北限。穗花一葉蘭屬植物的花序成稻穗狀，假球莖頂生一枚葉，所以才取這樣的屬名，而本種則因穗狀的花序由幾十朵小黃花組成，因此叫作黃穗蘭。

黃穗蘭產於熱帶叢林內，十分適應濕熱的環境，特別喜歡長在榕樹枝幹上，有時與燕子石斛混生，花期多在秋季，為觀賞價值高的珍奇迷你蘭。

學名：*Dendrochilum uncatum*
異名：*Dendrochilum formosana*
英名：Yellow Spike Orchid
別名：穗花一葉蘭
植株大小：10～25公分高
莖與葉子：假球莖密集叢生，卵錐狀，長3～4.5公分，徑0.7～1.2公分，頂生單葉，葉片長橢圓形，長10～15公分，寬2～3公分，深綠色，帶光澤，軟革質。
花期：中秋至冬初

花序及花朵：花莖由莖頂抽出，與幼葉同時成長，纖細，長20～25公分，呈弓狀彎曲，總狀花序著花20至40朵，排成二列，花徑約0.8～1.2公分，花朵鮮黃色，唇瓣中裂有二縱向褐色條紋。
生態環境：低海拔山地熱帶叢林榕樹枝幹附生，喜溫暖潮濕、半透光的環境。
分佈範圍：台灣南端恆春半島、台東外海蘭嶼島，分佈海拔高度250～1200公尺。

黃絨蘭

　　低海拔闊葉林常見中的黃絨蘭，喜歡在岩石上生長，常成叢附著在不及人高的地方，兩枚帶光澤的紙質葉生在具稜角的假球莖頂端，十分容易辨認。

　　黃絨蘭很能適應環境，在稍乾的地方、潮濕的地方都可以生長，不過，比較不耐強光，所以大多數都長在林下蔭蔽的岩石上，或是樹幹的低處。它的分佈範圍很廣，由南到北，各地低海拔山區闊葉林裡，看到的機會很多。黃絨蘭不僅普遍分佈於低海拔，在中海拔山區也能看得到，其生長的最高限可上到海拔1500公尺。

　　黃絨蘭是台灣的7種絨蘭當中的一種，絨蘭屬植物有一個特色，花莖係由近成熟的新芽頂部抽出，花謝花莖脫落後，便留下一個凹孔。每年夏末、秋初為開花的季節，花莖由莖的頂部斜向上伸出，微呈弧狀姿態，半掩於葉子的下方，花數多且密集，交互排列於花莖頂部，花徑介於1.5至2.5公分之間，雖然不大，但整個花序看來挺熱鬧的。花色以黃白、乳黃色居多（名稱由來就是因為花為偏黃色的），有的個體花朵近白色。整朵花就以唇瓣的顏色最深，前端為紫褐色，十分顯眼，讓人有塗口紅的感覺。花會釋出淡淡香味，但要湊近才聞得到。

學名：*Eria corneri*
英名：Yellow Woolly Orchid
植株大小：13～23公分高
莖與葉子：假球莖密集叢生，角柱狀，長3.5～6公分，徑2～3公分，頂生2葉，葉片倒披針形，長15～35公分，寬2～6公分，綠色，紙質，帶光澤。
花期：秋季
花序及花朵：花莖由假球莖頂葉子旁抽出，彎曲呈弓狀，長15～25公分，總狀花序著花20至60朵，花徑1.5～2.5公分，近白色、黃白色或乳黃色，唇瓣前端帶紫褐色。
生態環境：闊葉林內岩壁、石面、樹幹下半段附生，少數生在竹林裡的大石頭上，喜陰濕的環境。
分佈範圍：台灣全島低海拔山區普遍分佈。
分佈海拔高度250～1500公尺。

大腳筒蘭

走在低海拔原始林中，不妨多留意溪邊闊葉大樹上層的枝幹，遲早大腳筒蘭會現身在眼前。它是低山森林裡常見的氣生蘭，全島由南到北各處山區多半都有，尤以北部新店、烏來、坪林，與南部恆春半島一帶產量非常豐富。

但因這種植物喜歡長在高高的樹梢，要接觸到它並不容易。

成簇聚生是它的習性，通常由數十支莖組成，陳年老株能形成極大叢，由多達上百支莖構成的也是時有所見。七、八月間花朵盛開時，在原野大樹上遙望成穗的黃花此起彼落的熱鬧景象，賞蘭至此，夫復何求。

大腳筒蘭的花莖是從莖頂部的凹孔中生出，花謝花莖凋落後，這個凹孔會更加明顯，此為絨蘭屬獨有的特徵。花莖通常斜向上伸出，長度約與葉長相當，花朵算是小號的，寬約1.2公分，不過一支花莖上密生30到40朵之多，以整體的角度來欣賞，還是蠻有可看性。花以乳黃色居多，但也有近白色的。

學名：*Eria ovata*
英名：Large Cylinder Orchid
植株大小：20～40公分高
莖與葉子：聚生成叢，假球莖圓柱狀，肉質，長10～25公分，徑1～2公分，頂生3至5枚葉子，葉片長橢圓形，長10～18公分，寬2.5～4.5公分，綠色，有光澤。
花期：夏季

花序及花朵：花莖由莖頂部小孔斜向上抽出，筆直或彎曲呈弓狀，長10～20公分，總狀花序著花30至40朵，花徑約1.2公分，白色或乳黃色，唇瓣帶紫紅色。
生態環境：原始林、針葉林內大樹樹幹上段或粗枝附生，喜溫暖潮濕、半陰的環境。
分佈範圍：台灣全島及蘭嶼都有。分佈海拔高度200～800公尺。

木斛

木斛在亞洲的分佈很廣，台灣是其分佈範圍的最北限。雖然在國外很多地方都有，不過在台灣卻是屬於稀有的種。

木斛是大型的附生蘭，壽命很長，十幾年的老莖尚不致於枯萎，仍有少許的開花作用，這在草本的蘭科當中可說是相當特別。它的生長方式與眾不同，一大叢植株看起來很繁茂，不過仔細端詳，基部僅有幾根呈圓柱狀的主莖。它的分支多重，而莖與假球莖的位置又跟一般的蘭花剛好相反，常會讓人分不出何者為莖，何者為假球莖！

木斛在分類上屬於暫花蘭屬，該屬有70種左右，台灣產2種，除了本種之外，另一種叫輻射暫花蘭（尖葉暫花蘭），此屬的特徵之一就是花朵壽命短暫，木斛也不例外，開花時通常鄰近的所有植株都同時綻放，花朵壽命不到一天，清晨天剛亮時綻開，到了下午三點左右，唇瓣中裂兩側的黃色絲狀物便逐漸向中裂表面集中，當絲狀物閉合完成時，看起來像一把收合的雨傘，與此同時花裂也在閉合，約於太陽下山時，花朵完全閉合成花苞狀，花開約僅半天。雖然花朵短暫綻放，但看過木斛開花的人，多半會留下深刻的印象，因為數十上百朵白黃相間的美麗花朵同時綻放，十分具有震撼感。

學名：*Flickingeria comata*
異名：*Ephemerantha comata*
植株大小：**40～60公分高**
莖與葉子：根莖粗硬，圓柱狀，徑0.5～1.0公分，莖木質，新莖青綠色，帶光澤，老莖變亮黃或黃綠色，向上生長，多節且多分支，主莖向上增粗，末端2至3節膨大呈假球莖，假球莖之節上生分支，且能多重分支，假球莖扁紡錘狀，上有縱溝，葉子由每一分支末端的假球莖頂生出，單葉，偶生二葉，葉片卵形或長橢圓形，長5～10公分，寬2～4公分，深綠色，有光澤，革質。

花期：夏季，多集中在7、8月，可開花2至3次。
花序及花朵：花莖短，由葉腋抽出，通常著花2朵，有時1或3朵，花徑2.5～3公分，花米白色，唇瓣三裂，側裂上佈橘紅或紫紅細斑，中裂狹長，前端兩側密生細長彎曲的乳黃或鮮黃色絲狀物。
生態環境：低海拔森林溪邊大樹樹梢粗枝附生，尤其在榕樹上較有機會看到；
喜歡濕熱、光線充足的環境。
分佈範圍：台灣南端恆春半島低海拔地區。

黃松蘭

台灣山林蘊育的松蘭有九種，大多數是嬌小的種類，只有黃松蘭是個例外，五片以上的葉子緊密地交互排列在莖的兩側，長而微彎像鐮刀的葉片最大的有15公分之長，充滿力感的向水平伸展，好像轟炸機的翅榜一般。黃松蘭是典型的附生植物，性喜群生，常成叢長在傾斜的樹幹腹部或上頭的枝條側面，象牙白色的氣根發達，密生成堆攀緣於枝幹表層，即使莖葉懸空，仍能牢牢地固著在樹上。

黃松蘭的適應性強，很容易栽培，因為是附生蘭，用蛇木板、軟木板或木頭來栽植都頗為適合，它喜歡溼度高的環境，如果是栽種在都市陽台或頂樓，可以在板與根系之間添加一層水苔，植株成長的速度會加快。黃松蘭很容易開花，花數最多有十朵，密集排列呈半球狀，單獨一朵花雖然不大，但花色典雅，整個花序似繡球，頗為可愛，是歷久不衰相當受歡迎的野生蘭。

除了台灣之外，日本、琉球和香港也有黃松蘭。在台灣，黃松蘭的分佈頗為廣泛，以海拔200至800公尺較多，喜愛溪邊陰溼的環境，常長在樹幹的低處，很容易觀察。

學名：*Gastrochilus japonicus*
英名：Yellow Pine Orchid
植株大小：10～30公分寬
莖與葉子：莖短，通常不超過8公分，葉子二列互生，密集排列，葉緣重疊，葉片線狀鐮刀形至線狀披針形，長5～15公分，寬1～2.5公分，肉質。
花期：夏季至中秋
花序及花朵：花莖自莖基部葉鞘斜向下抽出，長2～3.5公分，著花4至10朵，花徑1.5～2公分，花朵亮黃色，唇瓣白色帶紫紅及黃色。

生態環境：原始闊葉林、雜木林或針葉林樹幹或枝條附生，喜潮溼、遮蔭的環境。
分佈範圍：台灣低至中海拔山區普遍分佈，已知的產地包括台北烏來、福山、三峽和坪林、宜蘭南澳、桃園復興、苗栗南庄、花蓮鯉魚山、南投雙冬、水里、蓮華池、台南、高雄六龜、扇平、屏東南仁山以及台東，分佈海拔高度200～1500公尺。

一葉羊耳蒜

低海拔的溫濕森林裡，常有一葉羊耳蒜隱身其間，它不會長在太高的地方，所見的植株絕大多數幾球形成一叢，附生於離地1公尺內的樹幹或石壁上，有的甚至長在樹頭上，離地不到20公分。

一葉羊耳蒜跟扁球羊耳蒜和長葉羊耳蒜（虎頭石）都有部份相似，它與扁球羊耳蒜的葉子皆為長橢圓形的，而與長葉羊耳蒜的的相似處在於花朵，有時容易混淆，不過要辨認並不困難，只需看它們的葉數便能一目了然。本種卵狀假球莖頂僅長一枚深綠色的長橢圓葉，扁球羊耳蒜的扁球狀假球莖頂生兩枚青綠色的長橢圓葉，而長葉羊耳蒜的歪卵狀假球莖頂生一對線狀倒披針形之長葉。

一葉羊耳蒜的花期在冬季至初春，花莖由莖頂抽出，包藏於摺疊的幼葉內，由於幼葉對摺的特性，所以有一別名叫「摺疊羊耳蒜」，當新葉近成熟張開時，花莖便顯露出來，此時花莖也近成熟，不久便會開花。花莖長度約與葉長相當或略長一些，花朵面向前方，交互排列於花莖兩旁，花徑約1公分上下，初開時為青綠或橄欖綠色，數日之後慢慢轉為褐色，最後變成全褐色或橘褐色，花朵壽命2到3週。

學名：*Liparis bootanensis*
英名：One-leaf Liparis
別名：摺疊羊耳蒜
植株大小：7～20公分高
莖與葉子：假球莖卵狀，長1.5～2.5公分，徑1～2.5公分，深綠色，頂生一葉，葉片長橢圓形，長5～20公分，寬1.5～2.5公分，深綠色，軟革質。
花期：冬季至初春

花序及花朵：花莖自莖頂抽出，長10～20公分，著花5至20朵，花徑0.8～1.2公分，初開時青綠或橄欖綠色，而後慢慢轉為褐色，最後變成全褐色或橘褐色。
生態環境：原始林、次生林樹幹、近地樹頭或岩壁附生，喜溫暖潮、通風好的環境，常長於溪邊的樹幹。
分佈範圍：台灣低海拔普遍散佈。分佈海拔高度250～1000公尺。

扁球羊耳蒜

低海拔山區經常可見水同木散生於雜木林潮濕地，其枝幹上常有扁球羊耳蒜附生著，青綠色的假球莖又扁又圓是它的辨認特徵，球頂生一對青綠色長橢圓葉，也許是顏色的關係，植株予人青春有活力的感覺，因性喜叢生，總是多球相連成叢，有的陳年老株生長繁茂，數十

學名：*Liparis elliptica*
英名：Flat-bulb Liparis
植株大小：8～12公分高
莖與葉子：假球莖扁球狀或扁橢圓狀，青綠或白綠色，長1．5～3公分，徑1.5～2.5公分，頂生2葉，葉片長橢圓形，長8～12公分，寬2～2.5公分，青綠或綠色，紙質。
花期：秋末至冬季

花序及花朵：花莖自莖頂新葉間抽出，姿態懸垂，長10～15公分，總狀花序著花30至60朵，花徑0.7～0.8公分，微透明之白綠色。
生態環境：原始林、雜木林、針葉林枝幹附生，喜溼氣重的環境。
分佈範圍：台灣低、中海拔普遍分佈。分佈海拔高度200～2000公尺。

球堆疊盤繞整圈枝條，遠觀若綠色彩球高掛樹上。

扁球羊耳蒜廣泛分佈於全台灣山區，在低海拔森林裡族群數量繁多，是最常見的氣生羊耳蒜。其垂直分佈的範圍相當大，由低海拔200公尺的淺山，一直上到中海拔上層2000公尺雲霧帶都能夠看到。由於它喜歡溼氣重的環境，所以多半生長在離溪不遠的樹上。

扁球羊耳蒜的花期在秋末至冬季，最佳的賞花時段在12月。它的花莖係由新生成熟的假球莖頂新葉間抽出，綠色花莖柔軟，基半段前伸而末半段向下垂落，上頭著花30至60朵，花細小且呈半開狀，只有0.7～0.8公分寬，花色為帶透明之白綠色。

恆春羊耳蒜

　　分佈於宜蘭南端、花蓮、台東、恆春半島和蘭嶼的恆春羊耳蒜，喜歡長在低海拔闊葉林的樹木枝幹上，植株矮胖肥美，莖頂抽出一長穗橘紅小花，莖葉及花朵都很上相，具有觀賞價值。因花色的緣故，人們多半叫它紅鈴蟲蘭，而與銀鈴蟲蘭（現在稱心葉羊耳蒜）及紫鈴蟲蘭（現在稱尾唇羊耳蒜）齊名，同為本土羊耳蒜裡的漂亮寶貝。

　　它的名字雖然響亮，但過去看到的機會並不多，實在是因恆春羊耳蒜本來就少，除了恆春半島稍有發現之外，在東部一帶分佈相當零散，在野外並不是那麼容易見到。近年來台糖發展的觸角趨廣，蝴蝶蘭之外也繁殖了若干本土觀賞性蘭種，而恆春羊耳蒜便是其中之一，在花市裡有時可見蘭商販售盆栽的恆春羊耳蒜，其莖葉扶疏長成大叢，一穗穗橘紅花莖伸向四方，甚為可觀，其實那十之八九是人工培育的優良品種。

　　恆春羊耳蒜的花期在夏秋，由6月底一直持續到11月止，個別植株開花的時間不一，有的早開，有的較遲。因植株肥短，感

覺上花莖蠻長的，它的花雖小但顏色引人注目。

學名：*Liparis grossa*
異名：*Liparis rizalensis*
英名：Hengchun Liparis
別名：紅鈴蟲蘭
植株大小：6～15公分高
莖與葉子：假球莖密生，卵狀，略微側扁，長～4.5公分，徑1.5～3公分，淺綠色，頂生2葉對生，長橢圓形，長4.5～12公分，寬1.8～3.2公分，綠色或暗綠色，革質。
花期：夏季至秋季

花序及花朵：花莖自莖頂新葉間抽出，近直立，長10～20公分，總狀花序著花12至25朵，排列鬆散，花長0.9～1.1公分，花徑0.5～0.9公分，花色橘紅或淡橘紅色。
生態環境：原始闊葉林樹木枝幹附生，喜氣候溫暖、半透光的環境。
分佈範圍：台灣東部、南部及外島蘭嶼低海拔山區零星分佈。分佈海拔高度300～500公尺。

長腳羊耳蒜

　　長腳羊耳蒜主要分佈於台灣東半部，它的個性喜歡熱鬧，常長成大叢，在花蓮瑞穗海拔200公尺的原住民村落裡，長腳羊耳蒜就長在茄苳樹和鄰近闊葉樹樹幹頂和粗枝上，有幾叢特別巨大，縱長及橫寬都達1公尺有餘，起碼由兩、三百支莖集合而成，非常壯觀。

　　長腳羊耳蒜的特色就是莖球棒狀肉質有料，外形修長如長腿，頂端兩枚對生的草綠色長葉，模樣自成一格。花雖不足半公分，不過若從整叢的角度欣賞，就它有個性的植株和一穗穗的白綠花序點綴其間，看起來清心素雅。

　　提到長腳羊耳蒜就必須提及它的姐妹種──淡綠羊耳蒜，因為這兩種植株和花朵都很相似，而且名字都

有所更動，若不澄清，極易發生混淆。本種在林讚標博士所著『台灣蘭科植物』第二冊名為「長耳蘭」，而2000年出版之『台灣植物誌』則更名為長腳羊耳蒜，基於植物誌代表政府和學界普遍的觀點，因此沿用長腳羊耳蒜為本種的新名稱。不過，淡綠羊耳蒜在『台灣蘭科植物』第二冊是叫「長腳羊耳蘭」，這個名字與本種

的新名稱很接近，實在有點困擾，然而為了日後本土蘭科植物名稱的一致性，只有勞駕野生蘭愛好之士做個腦筋急轉彎了。

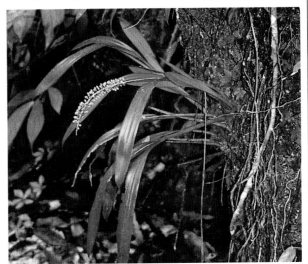

學名：*Liparis condylobulbon*
英名：Long-foot Liparis
別名：長耳蘭
植株大小：22～40公分高
莖與葉子：根莖分明，間距2～4公分生一莖，成簇叢生，莖球棒狀，基部端膨大渾肥，向上極縮呈長圓柱狀，長5～18公分，徑1.5～2.5公分，肉質，頂端2葉對生，葉片細長，倒披針狀線形，長20～25公分，寬2～2.5公分，綠色，厚紙質。

花期：秋季
花序及花朵：花莖自莖頂新葉間抽出，微彎，長14～20公分，總狀花序著花40至80朵，花徑約0.4公分，花色白綠或黃綠色。
生態環境：原始闊葉林樹幹、粗枝或岩壁附生，喜溫濕至微乾、半透光的環境。
分佈範圍：台灣東北部、東部向南延伸至恆春半島，散佈於低海拔闊葉林。分佈海拔高度100～700公尺。

淡綠羊耳蒜

　　淡綠羊耳蒜在台灣的南北都有，雖稱不上普遍，不過常去山上的話，多少有機會碰到，它常長在上頭有樹木半遮蔭的潮濕岩壁上，有時也會長在溪邊闊葉樹主幹上，植株呈傾斜狀向上生長，性好群生，常多莖密生成叢。

　　淡綠羊耳蒜植株外形修長，莖為球棒狀，基部粗，向上逐漸窄縮成長圓柱狀，最長可到20公分，模樣看起來會使人聯想到長腳，因此過去被稱作「長腳羊耳蘭」，莖頂有兩枚對生之長形葉。當秋天來臨時，花莖便由新生成熟的莖頂端葉間生出，其長度約與葉長相當，會自然向下微彎，總狀花序上密生50至150朵淡綠小花，它的名字就是根據花色而來的。

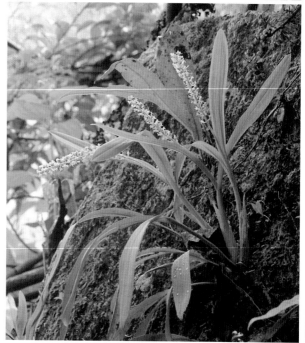

學名：*Liparis viridiflora*
英名：Light-green Liparis
別名：長腳羊耳蘭
植株大小：15～44公分高
莖與葉子：根莖短，莖密集叢生，球棒狀，基部較粗且略扁，向上漸細，長5～20公分，徑1～1.5公分，頂端2葉對生，葉片線狀倒披針形，長12～28公分，寬1.8～3公分，綠色，厚紙質。

花期：秋季
花序及花朵：花莖自莖頂新葉間抽出，直立，長12～25公分，總狀花序著花50至150朵，花徑0.4～0.5公分，淡綠色，唇瓣微黃。
生態環境：山區闊葉林岩壁附生，偶生於樹幹或坡地，喜陰濕或半透光的環境。
分佈範圍：台灣低、中海拔闊葉林零星分佈。分佈海拔高度500～1500公尺。

寶島羊耳蒜

　　寶島羊耳蒜是低海拔山區常見的地生蘭，愛上山踏青的人多半都會遇過，只是有的人跟它不熟，任它由腳邊掠過罷了。

　　在北部及南部，寶島羊耳蒜經常與大花羊耳蒜混生在林子裡，且它們在北部山區的族群皆相當繁盛，生長條件及植株外形也都差不多，野外看到了若不是在開花，往往分不清到底是那一種。其實這兩種高矮葉數有別，寶島羊耳蒜屬中小型，植株高度不超過25公分，葉子3到4枚，而在南投往杉林溪途中海拔1600公尺林緣大石頭上長在腐葉土的寶島羊耳蒜，其株身大多10公分上下，葉子兩枚居多。大花羊耳蒜則為中大型地生蘭，植株高多在35至40公分之間，少數植株更高

大，葉子有4、5枚，且葉片大一號。如果植株上留有乾枯舊花梗更好辨認，本種殘留枯花梗細短，長度不超過20公分，而大花羊耳蒜的舊花梗較粗長，長度30公分左右。

　　寶島羊耳蒜在冬末至春季開花，通常花期早於大花羊耳蒜，花莖由新芽上

呈包捲狀尚未完全展開的幼葉內伸出，花朵約是大花羊耳蒜花朵的一半大。

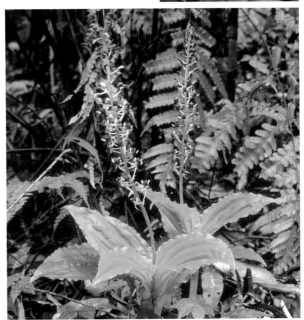

學名：*Liparis formosana*
異名：*Liparis nervosa*
英名：Formosa Liparis
別名：寶島羊耳蘭
植株大小：12～25公分高
莖與葉子：莖圓柱狀，長5～16公分，徑1～1.5公分，肉質，葉子2至4枚，歪橢圓形或卵形，長7～15公分，寬4～12公分，紙質，具褶扇式縱褶，綠色，帶光澤。
花期：春季

花序及花朵：花莖自新芽頂部葉間抽出，橫切面呈多角形，長20～40公分，總狀花序著花15至60朵，花徑1～1.7公分，花朵大底紫紅色，蕊柱白綠色，有的花朵偏綠。
生態環境：闊葉林、針葉林或雜木林、竹林地生，喜溫暖潮濕、遮蔭、林相疏鬆的環境。
分佈範圍：台灣低海拔山區普遍分佈，蘭嶼島上也產。分佈海拔高度100～1600公尺，以海拔400～800公尺最多。

大花羊耳蒜

從淺山近郊到深山密谷各式林相裡，總是能看到大花羊耳蒜悠然生長於林床間，不管在闊葉林、雜木林、人造針葉林或是竹林裡，幾乎都有大花羊耳蒜藏身其間，其莖肉質多汁，環境惡劣時便落葉休眠，環境適合時就長出新芽成長繁殖，具有極大彈性的適應力，因此有蘭花生長的林子裡通常都有大花羊耳蒜的一席之地，而沒有它的地方則多半環境不良，往往也不適合其他蘭類生長。

大花羊耳蒜為常見的地生蘭，北部低海拔山區是族群繁衍的大本營，尤以

學名：*Liparis nigra*
英名：Red Flower Liparis
別名：紅花羊耳蘭
植株大小：35～60公分高
莖與葉子：莖長圓柱狀，長14～25公分，徑1～1.5公分，肉質，綠色，葉子4至5枚，歪卵形，長15～25公分，寬6～10公分，紙質，具褶扇式縱褶，綠色，帶光澤。
花期：春季至夏初，少數遲至夏末開花。
花序及花朵：花莖自新芽頂部葉間抽出，粗

且直立，橫切面呈多角形，長20～45公分，總狀花序著花20至45朵，花長2.5～3公分，花徑2～2.5公分，花朵紫色或紫紅色，少數唇瓣綠色。
生態環境：竹林、闊葉林、針葉林或雜木林地生，喜溫暖潮濕、遮蔭、林相疏鬆的環境。
分佈範圍：台灣北部及南部低、中海拔普遍分佈，蘭嶼島上也產。分佈海拔高度50～1200公尺，以海拔300～600公尺最多。

台北地區最為普遍，舉凡陽明山、金山、龜山島、萬里、淡水、南港、木柵、新店、石碇、烏來、福山、坪林……等等，幾乎有山的地方就能找到它，而1999年4月在近平地的木柵動物園內雜木林裡所見的大花羊耳蒜，可能是本種垂直分佈的最低點，其中一叢十分巨大，當時正值花期，連同盛開的花莖達1公尺之譜。此外，大花羊耳蒜也普遍產於北部宜蘭、花蓮、桃園、新竹，以及南部屏東、台東、蘭嶼，而在新竹五峰鄉羅山林道海拔1200公尺所見的本種植物，可能係其垂直分佈的最高點。

　　大花羊耳蒜是台灣產羊耳蒜中最大的，植株一般高35至40公分，少見特大株高達60公分，綠色肉質的莖呈長圓柱狀是它的特徵，上部輪生4、5枚油綠紙質之歪卵形葉子，每年到了春季，花莖便由莖頂葉叢向上直挺挺地伸出，其長度能達45公分，總狀花序上攜花20到45朵不等，花長介於2.5至3公分之間，這般大小在普遍開小花的羊耳蒜屬植物當中算是蠻大的，所以才取名

「大花羊耳蒜」，台灣產的21種羊耳蒜之中，就屬插天山羊耳蒜、心葉羊耳蒜和長穗羊耳蒜的花朵尺寸跟它比較接近。花色頗具貴氣，全花幾乎深紫色或是深紫紅色，僅蕊柱呈青綠色，而在台灣及蘭嶼少數地點也有發現綠唇的大花羊耳蒜，紫色花裂搭配醒目的綠色唇瓣益增可貴。

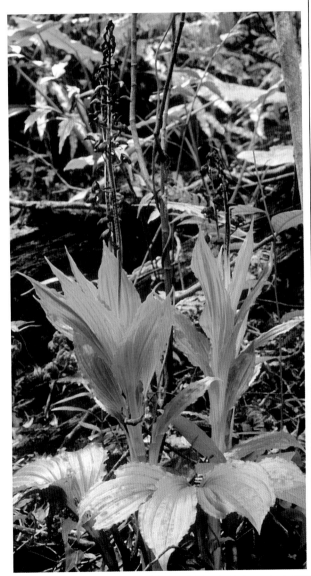

金釵蘭

金釵蘭在分類上隸屬於金釵蘭屬，這個屬約有50種，廣泛分佈於亞洲、新幾內亞和新加里多尼亞島，台灣本島產3種，其中以金釵蘭分佈最廣，由北到南，由近平地至中海拔山區皆有機會看到。台灣金釵蘭主要生長於中、南部一帶，雖然低海拔地區就能見到，不過還是以中海拔原始林遇到的機會比較大。還有一種叫心唇金釵蘭，至今仍是謎樣的植物，自從1933年日籍學者於台東安朔發現之後，未再有人見過它。

原野山路旁大樹上，金釵蘭愛依附在有陽光之高幹粗枝，常成群地由主幹上層長到近樹冠枝頭，小株的直立向上，大株的便往下垂半懸著，它的莖與葉幾乎一個模樣，都是綠色長圓柱狀，怎麼看都不太像蘭花，站在路邊往樹上望，若不經意還以為是殘枝斷椏，往往就這麼視而不見忽略掉了，這是否意味著金釵蘭朝著模擬枯枝的形態演化，以隱蔽身軀增加生存機會？或者它

的植株有某種適應環境的機能？無疑是十分有趣的探究題材。

金釵蘭的花期在春季至夏初，且多數集中在四、五月之間開花。

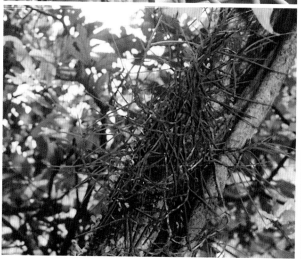

學名：*Luisia teres*
英名：Botan Luisia
別名：牡丹金釵蘭
植株大小：15～50公分高
莖與葉子：莖圓柱狀，長15～60公分，徑約0.3公分，成簇叢生，多分叉，幼株直立，老株基部下傾而前半段上仰，葉子細長圓柱狀，末端變細，長5～16公分，徑0.2～0.3公分，綠色，肉質。

花期：春季至夏初
花序及花朵：花莖自莖節上抽出，頗短，密生2至5朵小花，花徑約1.5公分，花朵黃綠至青綠色，唇瓣及萼片基部帶紅褐或紫褐斑。
生態環境：原始林大樹高枝直立或懸吊附生，喜潮溼、陽光充足的環境。
分佈範圍：台灣本島低、中海拔零星分佈。分佈海拔高度200～1500公尺，以500～1200公尺較多。

心葉葵蘭

在低海拔山區健行，有時候會遇到小徑旁土坡上貼著幾片灰綠油亮的心形葉，看起來像馬兜鈴科的大花細辛，但摸起來感覺是質地稍厚的肉質，不像細辛的紙質葉，事實上它就是外觀不像蘭花的心葉葵蘭。它的名字念起來蠻優雅動聽的，這完全要歸功於它那枚單生的漂亮葉片。外形像葉柄的柔軟假球莖頂端，黏著一片心臟形的綠葉，色調深淺搭配，頗具視覺效果。

心葉葵蘭不但具觀葉價值，花朵也很漂亮。直挺的花莖上頭攜帶四到八朵白黃相間的鮮色花朵，上面還佈滿紫色的條紋和斑點，加以花徑有4、5公分，看了不禁會被它的美所吸引。

常見心葉葵蘭隱身於林下深陰處，為低層樹枝、灌木枝椏所遮蓋，因此如不目光朝下探尋，不容易看到，有時走過斜坡，將它踩在腳下還不自知。心葉葵蘭屬於淺根性植物，靠幾條根插入淺土中，支撐整個株身。但它不畏險峻，喜歡長在陡坡上、土壁邊或樹頭凹坑，那些地方很容易遭受雨水沖刷，很少有其他植物喜歡。然而它已演化成適應這樣的環境，即使山區雨多，如不遇崩塌，下回再訪，依然見其安然繁衍，心葉葵蘭不愧為山中的苦行僧。

學名：*Mischobulbum cordifolium*
英名：Heart-leaf Orchid
植株大小：7～12公分高
莖與葉子：具匍匐根莖，長1.5～4公分，肉質，假球莖聚生，長棒狀，長5～12公分，柔軟，肉質，頂生單葉，葉片心形，長8～16公分，寬4.5～9.5公分，肉質，葉片呈凹凸不平的鑲嵌狀，葉表灰綠色，佈暗綠塊斑，脈紋深綠色，葉背也是灰綠色。

花期：春末至夏初
花序及花朵：花莖由假球莖基部側邊抽出，近直立，長25～35公分，著花4至8朵，花徑約4～5.5公分，花朵淺黃底，佈紫色或紫褐色縱向脈紋，唇瓣白底且帶黃色，淡香。
生態環境：闊葉林內碎石坡地、土壁、岩石或樹幹基部凹坑地生，喜林蔭下潮溼環境。
分佈範圍：台灣全島低海拔及中海拔下層尚稱普遍。分佈海拔高度300～1000公尺。

粗莖鶴頂蘭

粗莖鶴頂蘭是台灣產的四種鶴頂蘭當中最少見的一種。它的分佈範圍狹隘，過去數十年來，僅知在南投竹山、梨山一帶低海拔闊葉林出現過，有幸能見其真面目的人並不多。近年來，在台北、宜蘭和新竹少數幾個地點，又發現了若干族群，不過仍被列為「稀有」。

南投雙冬是新發現的產地之一，在那裡，粗莖鶴頂蘭生長於深山內海拔550至600公尺的雜木林裡。據說過去較常見，現今由於當地已普遍開墾成農地，僅存零星族群。在當地，粗莖鶴頂蘭喜歡選擇著床於岩石上的腐植土層，或著根於碎石坡地，其生長環境皆有適度遮蔭，不過對於溼度的要求不高。

在產地，它於八月初開始綻放，整支花序開完持續約一個月。它的開花性不錯，曾見一假球莖上同時抽出五支花莖。花初開時，花裂為淡綠色或白綠色，唇瓣呈油亮的白色，中裂中央地帶泛黃色。經二、三天後，白色的唇瓣逐漸轉黃，淡綠色的花裂漸成黃綠，盛開時花瓣微向後仰。當花接近凋謝時，整朵花幾乎變成淺黃色，僅花裂殘留一點綠暈，花朵壽命五至七日。

學名：*Phaius takeoi*
英名：Thick-stemmed Crane Orchid
植株大小：50～110公分高
莖與葉子：假球莖肉質，形狀特別，棒狀或圓柱狀，基部較粗，末端尖錐狀，長20～40公分，徑1.5～4公分；莖比假球莖細，由假球莖頂長出，長30～100公分，葉子5至9枚，長橢圓形至披針形，紙質，長15～4公分，寬5～8公分，深綠色，有光澤。
花期：夏季至中秋，8、9月為盛開期。
花序及花朵：花莖自假球莖下半段的節斜向上抽出，近直立，長30～50公分，總狀花序，著花4至16朵，花徑約4～6公分，花青綠至黃綠色，唇瓣喇叭狀，基部有短距，末端上彎，白色，微泛黃，數日後轉黃，帶淡香。
生態環境：低海拔原始闊葉林或雜木林土石坡地生，喜陰溼或半透光的環境。
分佈範圍：主要產於南投縣內，台北、宜蘭、新竹零星發現，稀有。分佈海拔高度500～700公尺。

白蝴蝶蘭

白蝴蝶蘭早在1952、53年便連獲兩屆國際蘭展首獎，得獎以後慕名而來者眾，身價因而翻升，野生植株遂自原來的主要產地消失大半，偶爾在邊遠險峻的深山密谷裡零星發現野生的族群。

白蝴蝶蘭在市面上常被暱稱為「台灣阿媽」，乃緣於amabilis的諧音而來，因過去本種在分類上曾被歸入Phalaenopsis amabilis裡頭。近年來蘭學界已普遍認定台灣及菲律賓（巴拉望島除外）產的為Phalaenopsis aphrodite，而分佈於馬來西亞、印尼、菲律賓巴拉望島、新幾內亞及澳洲的是Phalaenopsis amabilis。這兩種蘭花簡單的辨別方法可看花朵唇瓣中裂的形狀，前者唇瓣中裂呈三角形，而後者唇瓣中裂偏狹長，多呈長條形。若依此而論，台灣的白蝴蝶蘭似乎可取其拉丁學名的諧音而暱稱為「台灣阿婆」，而菲律賓的Phalaenopsis aphrodite就叫「阿婆」，所有產區的Phalaenopsis amabilis則通稱「阿媽」。

台灣是白蝴蝶蘭分佈的最北界，本種主要產於菲律賓，由該國北端近我國蘭嶼之巴布揚群島起，經呂宋島綿延至南部的民答那峨島北端，族群頗為繁盛。

學名：*Phalaenopsis aphrodite*

異名：*Phalaenopsis aphrodite* subsp. *formosana*

英名：White Moth Orchid

別名：台灣蝴蝶蘭

植株大小：15～30公分長

莖與葉子：莖短，通常不到2公分，老株能達5公分，根粗扁，葉密集，互生於莖兩側，通常2至3枚，最多生有10枚，橢圓形、長橢圓形或長橢圓狀卵形，長8～30公分，寬3～12公分公分，綠色或深綠色，革質。

花期：春季至夏初。

花序及花朵：花莖自莖側葉鞘抽出，彎曲呈弓狀姿態，有的會分叉，綠色，長30～60公分，通常著花6至10朵，陳年大株能開出多達50朵，花徑7～10公分，花白色，唇瓣帶黃色及紫色斑紋，有的還帶褐色。

生態環境：熱帶及亞熱帶原始闊葉林榕樹、樟樹等之主幹及粗枝、岩壁或大石頭上附生，喜半遮蔭有透光散射、通風好、溫暖微濕的環境。

分佈範圍：台灣本島東南部海岸山脈、南端恆春半島及外島蘭嶼低至中海拔下層零星分佈，族群稀有。分佈海拔500～1000公尺。

桃紅蝴蝶蘭

台灣在國際上享有蝴蝶蘭王國之美譽，乃因蝴蝶蘭育種技術先進，人工培育品系繁多而又價廉物美，故能行銷多國無敵手，不過原生於本地的蝴蝶蘭確僅有兩種，其一為鼎鼎大名的白蝴蝶蘭，俗稱台灣阿媽，另一種就是桃紅蝴蝶蘭，因其花朵在蝴蝶蘭原種中屬小號，花型不甚平整，在育種上較不受重視，以致過去未引起人們的注意。

事實上，本土的桃紅蝴蝶蘭僅生長在台東外海的小蘭嶼，其族群數量恐怕比白蝴蝶蘭還要稀少，在市面上看到的機會很少，僅少數熱愛蝴蝶蘭的趣味人士有收藏，而目前在花市或蘭園所見的本種植物，幾乎都是菲律賓產的。菲國是桃紅蝴蝶蘭的主產地，其分布範圍廣且產量多，而台灣小蘭嶼是本種分佈的最北界。

蝴蝶蘭是蘭科植物的天之驕子，幾乎每個種類都具姣好的花朵，桃紅蝴蝶蘭也不例外，雖說花朵在蝴蝶蘭家族中不是特別大，但花莖多分支，花數多而熱鬧，則是它的優點，且桃紅、黃、白三色搭配的花兒也蠻可愛的，因此有些人看桃紅蝴蝶蘭格外對味，特別喜歡它。本種部分個體花朵帶點味道，有的散發宜人清香，也有釋出蟑螂味的。

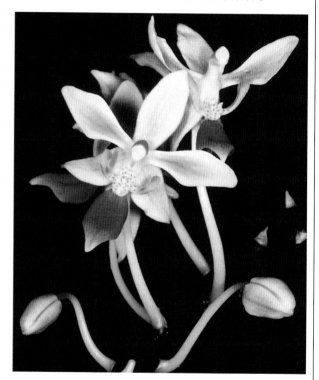

學名：*Phalaenopsis equetris*
異名：*Phalaenopsis riteiwanensis*
英名：Rosy Moth Orchid
別名：姬蝴蝶蘭
植株大小：12～24公分長
莖與葉子：莖短，通常不超過2公分，葉密集，互生於莖兩側，3至6枚，線狀舌形或長橢圓形，長10～24公分，寬3～6公分，深綠色，肉革質。

花期：春季
花序及花朵：花莖自莖側葉鞘抽出，長25～30公分，斜向上升，末端斜向下曲，彎曲呈ㄟ字形姿態，經常分叉，通長著花6至15朵，花徑2.5～3.5公分，花白色，唇瓣帶紫粉紅色，且微泛褐色或黃色。
生態環境：原始闊葉林樹木枝幹附生，喜半遮蔭、通風好、溫濕的環境。
分佈範圍：僅小蘭嶼有野外族群分佈。

黃繡球蘭

一回春天尋蘭賞鳥的旅程中，於烏來南勢溪岸岩石峭壁上一處內凹的隱蔽地點，首次接觸到黃繡球蘭的生態環境。那一小區域是蘭科植物天堂，岩面隙縫腐葉土中長著台灣根節蘭、黃苞根節蘭、白鶴蘭、長距根節蘭、天然雜交的長距白鶴蘭、黃花鶴頂蘭、台灣黃唇蘭、寶島羊耳蒜，岩壁上長有黃吊蘭、一葉羊耳蒜、心葉羊耳蒜、長葉羊耳蒜，樹上則有扁球羊耳蒜及黃松蘭，最特別的就屬黃繡球蘭，它附生在樹幹和低層枝條上，有的落在僅及膝的樹頭上方，而令人意想不到的是，少數竟附著在由上垂下縱橫交錯的蔓藤上頭，盛開的植株迎著微風，在半空中來回輕擺

著，不禁讓人聯想到吊鋼索的空中飛人。

黃繡球蘭常被當作是黃松蘭，它們的莖都短短的，上頭交互密集排著兩列水平伸展的長葉子。仔細分辨，黃繡球蘭的根稍粗且偏綠，植株較大，革質葉，葉緣明顯具波浪狀起伏，油亮的深綠色。而黃松蘭的根偏白色，最大的植株不過20公分，肉質葉，葉緣波浪狀起伏較不明顯，

呈混濁的暗綠色。黃繡球蘭是台灣的特有植物，過去普遍發現於低海拔地區，後來由於大量伐木及開墾的結果，族群銳減，目前僅零星分佈。

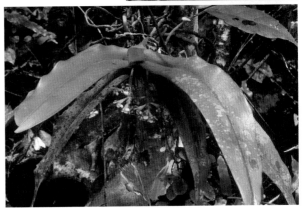

學名：*Pomatocalpa acuminata*
異名：*Pomatocalpa brachybotryum*
英名：Yellow Ball Orchid
植株大小：20～40公分寬
莖與葉子：莖短，壓扁狀，長2～4公分，葉子3至8片，二列互生，密集排列，葉片帶狀倒披針形，長10～20公分，寬2～3公分，革質。
花期：春季至夏初
花序及花朵：花莖粗短，長2～3公分，由莖基部葉鞘斜向下抽出，著花6至15朵，密生

而成頭狀花序，花極小，花徑0.6～0.7公分，花朵亮淡黃色，夾雜紅褐或暗紫色塊斑。
生態環境：原始闊葉林或雜木林樹幹、下層枝條或蔓藤附生，喜溫暖潮溼、半遮蔭而局部透光照射的環境。
分佈範圍：台灣分佈侷限在低海拔，已知的產地包括台北烏來、桃園三民、南投瑞里、水里、高雄六龜、扇平、屏東里龍山，分佈海拔高度200～1000公尺。

豹紋蘭

常上山走動的人士，或多或少曾在高齡老樹上仰望過它，喜歡野生蘭的人一看便知它是豹紋蘭，不種蘭花的人也知道它是蘭花，因為它株大葉厚根又粗，長得一副標準氣生蘭的模樣。豹紋蘭是低海拔山區最容易見到的大型附生蘭，主要生長於低山原始林中，在海拔300至600公尺範圍，看到的機會較多。它喜歡長在闊葉大樹上，尤其對楠樹特別有好感，遇過的經驗中，十次有九回是在巨大的楠樹主幹或粗枝上頭，它那發達的根系像八爪章魚般牢固地吸附在樹皮表面，想要撼動它，並不是那麼容易。儘管於颱風豪雨後，偶爾會在大樹下撿到它，但這多半不是它的錯，而是它依靠的樹枝已臻腐朽，禁不起強風大雨的摧殘而折斷，於是拖著它一起落下。

豹紋蘭屬於單莖類的蘭科植物，莖會隨年歲不斷增長，而它本身又是大型植物，因此植物體能長得非常大。在宜蘭檜木林山上的豹紋蘭就相當可觀，一大叢由三十幾株相連而成，其中半數以上的植株超過100公分長，最長的則達140公分，想必是經數十年山精靈氣的滋潤，

學名：*Staurochilus luchuensis*
異名：*Cleisostoma ionosmum*
英名：Leopard Orchid
別名：屈子花
植株大小：50～200公分高
莖與葉子：莖粗壯強健，長40～180公分，葉二列互生，10至數十枚，葉片帶狀或線狀長橢圓形，長10～25公分，寬3～3.5公分，厚革質，綠色或深綠色，帶光澤。
花期：春季

花序及花朵：花莖由莖前部的節抽出，易分枝，長15～35公分，著花5至30朵，花徑約2.5～4公分，花朵黃白色，佈褐色或紅褐色斑紋，厚肉質，野香。
生態環境：低海拔山區原始闊葉林大樹樹幹或粗枝附生，喜溫暖潮溼、半透光或裸露的環境。
分佈範圍：台灣全島及外島蘭嶼尚稱普遍，分佈海拔高度200～1000公尺。

才會長成這般龐然大物。
而一戶南投山區居民栽種
十幾年的豹紋蘭也有可觀
之處，它的莖由栽培的鐵
桶順著旁邊的含笑花樹幹
往上爬，全長達200公分
之譜，不知再過十年後，
會長到何處去。

　豹紋蘭的花寬展時約3到
4公分，呈黃白色，上面佈
滿褐色或紅褐色斑紋，因
這樣的斑紋像豹身上的紋
路，所以取名豹紋蘭。就
單朵花而言，並不是特別
出色，不過，它是多花性
的植物，花莖多且會分
支，成熟植株一次開上幾
十朵花是很正常的，若是
多株成叢的，常可開到百
朵以上，相當壯觀。花帶
有野性的香味，盛開時，
不需太靠近便能聞到一陣
一陣的芳香。

台灣風蘭

台灣風蘭是低海拔地區林緣生長的小型氣生蘭，山路旁的針葉樹、闊葉樹還有灌木都是它棲身的所在，有時也會出現在果園裡，常成群結隊附著在枝條上，當風起時，隨著枝椏擺盪迎風起舞，故名為風蘭，植株葉片呈厚肉質，是驗明身份的好指標，幾枚葉呈45度角排列於莖的兩旁，宛若一隻小飛機，模樣可愛，頗討人喜愛。

台灣風蘭的花期在冬末至春季，開花能力強是它的優點，3公分長的小株便能抽花莖，葉多莖長的老株能同時抽出多達10支花莖，當天氣回暖步入春分時，花兒便陸續綻放，由於續花的特性，單一花莖一次開出1或2朵，經一週左右便會再開，花季間同一花莖能開花3至4次，由第一朵花開到最後一朵花謝持續約一個月，因花莖多且喜群生，常能欣賞此起彼落的小白花點綴於綠葉間的景象。風蘭這一屬的種類都開小花，台灣風蘭的花徑在1.4至2公分之間，客觀而言稱不上大，但在台灣產的風蘭當中則屬花朵最大，其他幾種的花朵皆不超過1.5公分，花朵幾乎全白，看起來像白蛾，故有人叫它「白蛾蘭」，只有唇瓣多少點綴黃色斑紋，花會釋出芳香。可惜的是花朵壽命短，清晨綻開，日落便謝，如曇花一現。

台灣記錄的風蘭有9種，

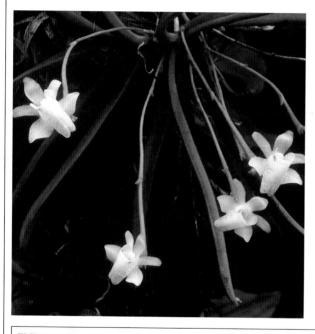

學名：*Thrixspermum formosanum*
英名：Taiwan Wind Orchid
別名：白蛾蘭
植株大小：4～11公分長
莖與葉子：莖長1～8公分，葉二列互生，密生5至22枚葉子，葉片線狀倒披針形，長4～8公分，寬0.4～1公分，青綠至暗綠色，有的佈紫褐斑，肉質，基部較厚。
花期：冬末至春季
花序及花朵：花莖自莖側葉腋抽出，每株生1至10支花莖，纖細，長5～8公分，著花5至10朵，每次開1至2朵，花徑1.4～2公分，花朵白色，唇瓣佈零星金黃斑及淡紫色條紋，有香味。
生態環境：闊葉林、針葉林、灌木枝條附生，多生長在林緣空氣溼度夠、通風良好且散射光照射到的環境。
分佈範圍：台灣全島低、中海拔山區普遍分佈。分佈海拔高度200～1900公尺，以700～1000公尺較常見。

除了金唇風蘭（烏來風蘭）、溪頭風蘭（白蛾蘭）和本種較有機會看到之外，其他種類皆不常見，當中尤以台灣風蘭分佈最廣且族群最繁盛，由台北烏來向南至屏東南仁山都有，在中部和南部生長的地方，均可見在有限區域內生長著大量的台灣風蘭。

異色風蘭

　美麗的異色風蘭是稀有的小形氣生蘭，僅知生長於台灣南端屏東楓港里龍山上，在那裡它選擇棲身於溪邊雜木林樹木枝條上，它喜歡空氣清涼、溼度高且通風好的半透光環境，因此族群幾乎都集中在林緣一帶，進入林內便很難找到。

　異色風蘭與金唇風蘭在親緣上十分相近，花莖、花形和開花特性都有幾分相似，本種花莖纖細筆直，末端著花5、6朵，每回綻放1或2朵，它與金唇風蘭一樣是非翻轉花，花朵上下顛倒，唇瓣在上，而花裂在下，花比較大，花徑1至1.2公分（金唇風蘭的花不到1公分），花朵大多為乳白色，上頭微泛粉紅暈，唇瓣帶黃色且點綴紫斑（金唇風蘭的花色為帶點透明的白色），整體看起來有種粉妝的感覺，相當耐看。

學名：*Thrixspermum eximium*
英名：Discolor Wind Orchid
別名：異色瓣
植株大小：3～6公分長
莖與葉子：莖長1～2公分，葉二列互生，密生4至7枚葉子，葉片舌形或長橢圓形，長4～7公分，寬0.8～1.5公分，青綠色，革質。
花期：冬末至春季初
花序及花朵：花莖自莖側葉腋抽出，纖細筆直，長5～9公分，著花5至6朵，每次開1至2朵，花徑1～1.2公分，花朵白色或乳白色，微泛粉紅暈，唇瓣帶黃色及紫斑，花朵非翻轉。
生態環境：山區溪邊雜木林緣樹木枝條附生，喜空氣流通、溼度高的環境。
分佈範圍：台灣宜蘭雙連埤、南端恆春半島零星分佈。分佈海拔高度450～1100公尺。

短穗毛舌蘭

台灣東半部及南端才有的短穗毛舌蘭分佈零散，族群稀有，在野外看到的機會少之又少。它習於生長在低海拔原始闊葉林裡，附生在大樹主幹或粗枝上頭，有的則貼附在陡峭的岩壁上。在宜蘭南澳曾見幾叢短穗毛舌蘭生長於大葉楠樹幹和粗枝上，想必年歲已久，有一叢由多達40支莖組成，而每支莖都有一公尺以上。

短穗毛舌蘭為大型懸垂植物，莖葉如瀑布般由附著物上宣洩而下，陳年老株能長成大叢，有的數十支莖相連形成巨大植株，特長的莖能達160公分長，相當壯觀，在台灣產的附生蘭當中算得上是屬

一屬二的大型種，蘭界常稱它「鳳尾蘭」，就是基於其植株壯觀的模樣使人聯想到鳳凰的長尾。它生長緩慢，每年僅新生3至4片葉子，但強健耐命，適應性稱得上獨一無二。

短穗毛舌蘭還有一特色就是莖上相同的節能持續開花好幾年，每年到了初春，花莖便由細長的莖下半段新舊各節生出，花莖短小，通常才2至3公分長，故又叫「短穗石蘭」，當開花時，所有花朵幾乎同時綻放，單一支莖就有幾十朵花，大叢植株密佈數百朵小花，極為可觀。花的質地厚，壽命維持2至3週，能釋出淡雅清香。

學名：*Trichoglottis rosea*
異名：*Trichoglottis rosea* var. *breviracema*
英名：Phoenix Tail Orchid
別名：鳳尾蘭、短穗石蘭
植株大小：40～170公分長
莖與葉子：根莖強健，莖細長強韌，懸垂生長，常密生成叢，長35～160公分，葉二列互生，葉片線狀長橢圓形，長7～15公分，寬1.2～2公分，葉表綠色或暗綠色，光滑油亮，革質。
花期：春季，3月底至4月為盛開期。
花序及花朵：花莖短，長1～3公分，由莖上各節與葉相對位置斜向下抽出，總狀花序著

花3至7朵，花徑1.2～1.4公分，花質厚而唇瓣厚肉質，白色，有的微泛黃暈，唇瓣帶紫紅斑紋，清香。
生態環境：闊葉樹或岩壁附生，常在溪流沿岸闊葉樹枝幹或河岸岩壁附生，喜溫暖、蔽蔭、半蔭或陽光充足的環境，生育地空氣溼度中等。
分佈範圍：台灣本島東半部低海拔山區零星散佈，產地包括宜蘭浪速、蘇澳、南澳、花蓮觀音、台東都蘭山、大武、安朔、姑子崙、屏東佳洛水、墾丁，分佈海拔高度100～500公尺。

台灣凡尼蘭

或許大家未必知道香草與蘭花有什麼密切的關係，其實香草冰淇淋的「香草」是由凡尼蘭（香莢蘭）的果實提煉出來的香料。凡尼蘭全世界有上百種，廣泛分佈於非洲中部、亞洲和中、南美洲的熱帶及亞熱帶地區，栽培歷史悠久，在墨西哥等國為重要的香料產業。凡尼蘭屬在台灣只有台灣凡尼蘭一種，果實肥大，約有10公分長，外形看起來像香蕉，品質雖非香料級，但香甜可食。

台灣凡尼蘭的生長方式很特別，一半地生而一半為附生，初生時由地面長起，莖於表土層匍匐而行，遇樹木便攀附上去，沿著樹幹往上爬，行徑像蔓藤類植物。在台北新店山區近溪邊的一棵大樹就有

台灣凡尼蘭，莖葉繁茂，分支交錯，覆滿主幹和下層粗枝，還有許多分支生出枝外懸於半空中擺盪，如果要算長度，至少有幾十公尺。不過，它的莖上有節，每節上生一片葉及一條根，只需截取一段包含幾片葉和幾條根，便能存活而成獨立個體，如果以此方式計算，那麼這棵樹上的台灣凡尼蘭起碼能分成上百株。

台灣凡尼蘭雖然以其果實和特殊生長方式廣為人知，其實它的花也很漂亮，只是開花性不佳，看過的人並不多。

學名：*Vanilla albida*
異名：*Vanilla griffithii*
英名：Taiwan Vanilla Orchid
別名：姬氏梵尼蘭、台灣香莢蘭
植株大小：1～10公尺高
莖與葉子：莖攀緣性，圓柱狀，肉質，綠色，長1～10公尺，葉二列互生，葉片長卵形，長10～19公分，寬3～8公分，肉質，綠色或深綠色，帶光澤。

花期：春季及秋季
花序及花朵：花莖由葉腋生出，呈Z字形分支，每一分支通常生二朵花，花徑約6～7公分，花朵淺綠色，唇瓣管狀，淡粉紅色，有的泛綠色。
生態環境：低海拔山區闊葉林、竹林或岩壁附生，喜陰濕或半透光的環境。
分佈範圍：台灣全島，分佈海拔高度250～1200公尺。

雅美萬代蘭

雅美萬代蘭在台灣僅出現於外島小蘭嶼，故以島上居民雅美族（達悟族）之名來命名。本種廣泛分佈於鄰國菲律賓，小蘭嶼是它分佈的最北限。在菲國北端呂宋島外海的巴布揚群島也有，巴布揚群島距離蘭嶼不遠，在日據時代，蘭嶼也被劃入該群島內，其植物相類似蘭嶼，群島內有些本種的植株和花朵跟蘭嶼產的幾乎沒有差別。

雅美萬代蘭是台灣僅產的一種萬代蘭。在小蘭嶼島上，絕大多數攀於榕樹樹幹，有的則長在凸出地面的根頭上，少數附生於珊瑚礁岩上。像多數的萬代蘭一樣，需要溼氣，但不耐浸濕，因此栽培時，常用木製懸吊框架來固定它。如不用木框，可以選粗質蛇木屑或椰子皮為材料，用盆子來栽培，但澆水必須有所節制。

它的植物體強壯，因為是屬於單莖類的蘭花，莖會每年增長，葉子也會越來越多，老株能長得很大。花莖是由葉腋間長出來，約與植株等長，大的植株能抽出多支花，一支花莖通常攜帶十幾至二十餘朵花，老株一次開個五、六十朵花並不困難。花姿寬展，且會釋出宜人的芳香，頗具觀賞價值。

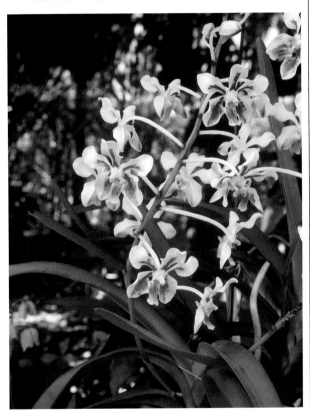

學名：*Vanda lamellata*
英名：Botel Tobago Vanda
植株大小：30～70公分高
莖與葉子：莖強健，長10～40公分，葉二列互生，10至25枚密集生於莖上，葉片帶狀或長披針形，橫切面呈V字形，且呈鐮刀狀伸展，長15～40公分，寬1.5～2公分，革質，灰綠色，帶光澤。

花期：秋末、冬季至初春，冬季開花較多。
花序及花朵：花莖自葉腋中抽出，直立，長35～60公分，著花5至25朵，花徑約3.5～5公分，花朵象牙白色，泛淺黃，佈紅褐或咖啡色條紋及塊斑。
生態環境：多附生於榕樹幹或珊瑚礁岩上，喜陽光充足的濕熱環境。
分佈範圍：僅分佈於台東外海之小蘭嶼島。

人造杉林中的野生蘭

　　台灣低海拔山區有許多人造杉林，其中以柳杉林最多，這些原本屬於原始闊葉林的地方，在伐木後便以杉樹造林，成為目前低海拔普遍的林相。當原始林消失，眾多棲身在裡面的野生蘭因棲地破壞或隨著木材而去，而從林中消失，不過，也有許多強勢種類，由殘留樹木間或鄰近的林相中重新繁衍開來，成為人造杉林裡可見的蘭種。

　　低海拔雜木林及原始林裡的蘭花，有些也常出現在杉林裡，譬如台灣根節蘭、白鶴蘭、寶島羊耳蒜、大花羊耳蒜、滿綠隱柱蘭、虎紋蘭等。這些種類適應性強，對於林相並不挑剔，所以也能在杉林中發現它們。

　　若干種類因頗為適合造林地的單純環境，在杉林裡生長更為旺盛，成為林中常見的野生蘭，這些種類包括紋星蘭、鳳蘭、倒吊蘭（黃吊蘭）、蜘蛛蘭及金唇風蘭等。

紋星蘭　P113

倒吊蘭　P114

蜘蛛蘭　P116

金唇風蘭　P118

紋星蘭

在台北近郊的山區踏青，如果專注地往空氣溼度高的環境裡尋找，常有機會在高大蒼翠的老樹上，望見紋星蘭盤根錯結地附著在樹幹的中上層，根細如鬚，牢牢地抓住枝幹表皮。

紋星蘭的植株大而厚實，承載莖葉的匍匐根莖粗且明顯，順著介質表層橫走，每間隔3到5公分長出一假球莖，假球莖柱狀而前部稍細，這是紋星蘭的特點。紋星蘭的葉子挺大的，台灣產的豆蘭當中，僅烏來捲瓣蘭和穗花捲瓣蘭的葉子具有那樣的長度。

經長時間的觀察發現，紋星蘭在野外並不是每年都會開花，有時全年只見其莖葉增長，而無開花結果的跡象。栽培時應特別注意的是，它雖偏好空氣溼度高，但不耐浸濕，水草不宜多用。花期在夏季，花莖頂端著花一朵，像這樣單花花序的豆蘭，在台灣尚有狹萼豆蘭和阿里山豆蘭。星形花和花被上的條紋，則為紋星蘭名稱的由來。

紋星蘭廣泛分佈於亞洲熱帶地區，在台灣分佈也很廣，北自台北新店、烏來山區，南抵屏東南仁山、老佛山及鹿寮溪。舊名「高士佛豆蘭」，係因在日據時代的1912年，由日本植物學家在屏東恆春高士佛首先採集到，而有這樣的名稱。

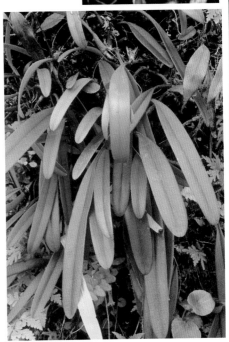

學名：*Bulbophyllum affine*
別名：高士佛豆蘭
植株大小：16～23公分長
莖與葉子：匍匐根莖粗又長，每間隔3到5公分長出一假球莖，假球莖柱狀而前部稍細，長2～3公分，頂生一葉，葉片線狀長橢圓形，長6～17公分，寬1～3公分，肉革質，深綠色。
花期：夏季
花序及花朵：花莖自假球莖基部側面抽出，長4～9公分，單花花序，花徑約2公分，花朵白底中央部位泛黃色，唇瓣帶紅色，花瓣和萼片有平行的紅色脈紋。
生態環境：原始闊葉林、人造針葉林、雜木林內大樹幹或粗枝成片附生，喜潮溼、通風、遮蔭或半透光的環境。
分佈範圍：台灣全島由北至南，族群尚稱普遍，分佈海拔高度100～1000公尺，以300～600公尺較多。

倒吊蘭

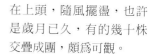

走在宜蘭棲蘭的山路上，仰望路旁的枝椏，常可看到倒吊蘭高高地倒吊在上頭，隨風擺盪，也許是歲月已久，有的幾十株交疊成團，頗為可觀。

倒吊蘭普遍分佈於低海拔山區，是林緣常見的氣生蘭。倒吊蘭的生命力旺盛，能適應各種的環境，大樹當然是它的最愛，舉凡隆起的根頭、寬圓的主幹、粗大的低枝和樹冠的枝條都是它棲身的好所在。對於附生的樹種倒不怎麼挑剔，闊葉樹、針葉樹還有矮小的灌木都有它的身影，有的還攀附在岩面和石壁上的，而令人印象深刻的是，倒吊蘭也能長在落地的枯枝和林下的碎石坡，即使身處次等環境，仍然長得油亮滑綠，定時開花。

倒吊蘭的花朵小，寥寥幾朵半掩於莖葉下方，因而不太受到青睞，栽培的人並不多。事實上倒吊蘭蘊涵著美麗的一面，值得

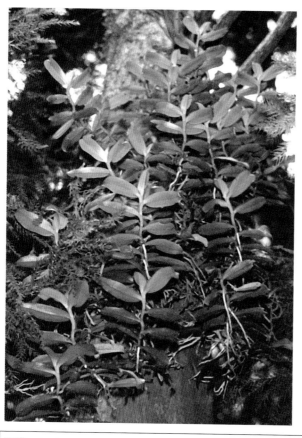

學名：*Diploprora championii*
英名：Cascading Orchid
別名：黃吊蘭
植株大小：18～55公分寬
莖與葉子：莖基半部下垂而前部向上仰，長12～50公分，葉子二列互生，生有5至20片葉子，葉片長橢圓形或鐮刀形，邊緣呈波浪狀起伏，長5～13公分，寬1.5～2.5公分，肉質。
花期：冬末至春季
花序及花朵：花莖自莖前半段的節斜向下抽出，略呈Z字型彎曲，亮綠色，長5～8公分，著花3至6朵，一次開1至2朵，花徑1.5～1.8公分，花朵寬展，白黃色，唇瓣側裂有一對深黃色塊斑，前端呈蛇舌狀分叉，肉質，淡香。
生態環境：山區闊葉林、針葉林、雜木林、人造林樹木枝幹、灌木枝條或岩石附生，偶爾長在碎石坡而根系浮在表面，喜空氣溼度高、遮蔭或半透光的環境。
分佈範圍：台灣全島低海拔普遍分佈，分佈海拔高度200～1100公尺。

細細的品味。青翠的葉子整齊地向兩邊伸展，平滑的葉表散射出抖擻的光澤，整株遺傳了單莖類氣生蘭的優良特質，單是植物體本身即頗具觀賞的價值。花莖是青綠的，花朵由基部陸續往前綻放，雖然單一花莖一次僅開一至二朵，但強健的植株可抽出多達五支花莖，加以性好群生，十株以上長成一叢是常有的現像，盛開的時候，數十支花莖上滿佈近百朵淡黃的小花，在綠葉的襯托下，顯得既耀眼又熱鬧滾滾。

蜘蛛蘭

在山區杉樹下枯枝堆中，有時能找到模樣怪異的附生植物，它的株身迷你，沒有葉子，莖只有一小點，肥美的綠色根系由中心的莖點向四方伸出，看起來像隻綠色的蜘蛛，其實那就是不常被注意到的蜘蛛蘭。它與知名的大蜘蛛蘭一樣，因為無葉，根系扮演重要的角色，植株端賴發達的綠根行光合作用以維持生長。

蜘蛛蘭有一兄弟種叫扁蜘蛛蘭，外形近似蜘蛛蘭，不過莖為扁平狀的，根長得較多且長，花莖也長得多，要辨別並不困難。蜘蛛蘭和扁蜘蛛蘭在分類上隸屬於蜘蛛蘭屬，該屬種類多，約有１２０種，分佈於亞洲、新幾內亞、南太平洋群島以及澳洲。蜘蛛蘭分佈很廣，除了台灣之外，也產於日本、琉球、泰國、馬來西亞、印尼、新幾內亞和澳洲。

另外，還有一種長相極似蜘蛛蘭的迷你蘭花叫假蜘蛛蘭，它在分類上不屬於蜘蛛蘭屬，而是歸在假蜘蛛蘭屬。假蜘蛛蘭的根系幾乎與蜘蛛蘭無分別，若無其他線索，要分別這兩種植物實在很難。幸好，假蜘蛛蘭會長2至4枚葉子，葉長０.５～１.５公分，葉片留存的時間長的

學名：*Taeniophyllum glandulosum*
英名：Spider Orchid
植株大小：2～5公分長
莖與葉子：莖極短，不明顯，植株以根系為主，根扁圓狀，長10～40公分，徑0.2～0.4公分，綠色或灰綠色，幼株花落後有的會生1或2枚葉子，葉片小，秋季脫落，成株大多無葉。
花期：春季
花序及花朵：花莖自莖側根間抽出，長棒狀，長5～25公分，水平或斜向下生長，墨綠色，帶紅褐斑，表面密佈細毛，總狀花序著花3至5朵，花徑約0.1～0.12公分，花初開時白綠色，數日後轉黃而呈黃綠色，唇瓣白底帶褐色塊斑，有的花裂基部帶褐斑。
生態環境：低海拔原始闊葉林樹木枝幹附生，多生於溪畔或空氣濕度高的地方，喜溫暖、半透光的環境。
分佈範圍：主要產於台灣本島中、南部，北部山區偶有發現，分佈海拔高度300～1000公尺，以海拔500～800公尺較常見。

多，因此看到它的時候，往往都有葉子。不像蜘蛛蘭，雖然偶爾也會長1、2枚葉子，不過不久就凋落，看到的時候，幾乎都沒有葉子。假蜘蛛蘭另有一項特徵在於花莖，它的花莖上有許多卵狀互生的綠色苞片，這一點是蜘蛛蘭沒有的。假蜘蛛蘭的植株很小，一般只有2公分寬，最大的也不超過3公分，因此過去也有人稱它為「侏儒蘭」。

蜘蛛蘭因植株小，外形不像一般的蘭花，所以常被忽略，它雖不是很普遍，不過在北部、中部和東部都有發現，有的產區數量還不少，如果能瞭解其生長習性，較有機會看到它。在台北烏來海拔450公尺的杉林就有許多蜘蛛蘭附生在杉枝上，有些則直接著生於針葉上。在坪林山區海拔450公尺處則見其附生於日本杜鵑上，圓肥的綠根環抱住枝條，看起來確實像蜘蛛，旁邊有金唇風蘭跟它作伴。而1999年四月初的阿里山之行，於半途海拔1000公尺的桃樹上，遇見蜘蛛蘭攀附在光亮的樹皮表面，有幾株抽出綠色短花莖，上面開著不到半公

分長的迷你黃花，從側面看竟有點像鳳梨。

蜘蛛蘭多長於林緣半透光的地方，特別喜歡午后有一段時間起霧的環境，對溼度的承受能力較高，其附著的枝條上常有苔蘚滋生，又蜘蛛蘭生長的環境也是金唇風蘭偏愛的地方，在多處地點見它們混生在一起。

假蜘蛛蘭的植株外形極似蜘蛛蘭，不過本種經常保有多片葉子，且花莖上苞片對生，是其主要特徵。

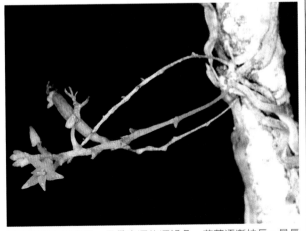

扁蜘蛛蘭的根寬扁，呈帶光澤的深綠色，花莖逐漸抽長，最長可達10公分。

117

金唇風蘭

金唇風蘭生長的環境午後常起霧且多綿綿細雨，附著的樹木枝條常結苔蘚，金唇風蘭就是靠苔蘚層保持其喜愛的經常高濕狀態。它不耐強光照射，但需要適度光線維持植株正常成長，因此在陰森密林裡見不到它，發現的地點都在山區路旁或離林緣不遠的樹上，那裡植株能汲取穿透樹冠之散射光。

金唇風蘭與多數風蘭一樣性好群生，只要遇到一株，仔細找下去往往會在周遭發現許多，在台北烏來、坪林、宜蘭雙連埤、花蓮壽豐等地看到的情形都是這樣。還有一個現象引人注意，金唇風蘭常與蜘蛛蘭混生，它們似乎很合得來，經常同棲於樹上，甚至附生於同一枝條上。它對於依附的樹種頗為隨性，在意的只是環境溼度，闊葉樹、針葉樹的細枝條都會附生，有的也會攀附在針葉上，並且曾見它長在屬於灌木的日本杜鵑枝椏上頭。

金唇風蘭的蒴果為長條形的，長度達5至6公分，實在讓人有點意外，它的花不到1公分，結成的果實卻這麼長。事實上風蘭屬的植物蒴果都是這個樣子，其中台灣產的9種當中，以倒垂風蘭的蒴果最長，能達10公分。

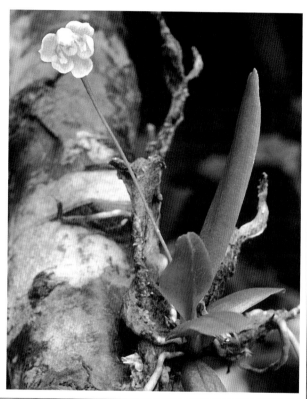

學名：*Thrixspermum fantasticum*
英名：Golden-lipped Wind Orchid
別名：烏來風蘭、金唇風鈴蘭
植株大小：4～9公分長
莖與葉子：莖長1～6公分，葉二列互生，密生5至12枚葉子，葉片長橢圓形，長1.5～4公分，寬0.9～1.3公分，深綠色，革質。
花期：春季至夏初，4月底至5月盛開。
花序及花朵：花莖自莖側葉腋抽出，每株生1至6支花莖，纖細，長3.5～7公分，著花5至6朵，每次開1至3朵，花徑0.8～0.9公分，花朵透明白色，唇瓣散佈零星金黃斑或褐斑，非翻轉花。
生態環境：闊葉樹、杉木或灌木枝條附生，喜溼度高、散射光照射到的環境。
分佈範圍：台灣本島東半部、恆春半島及外島蘭嶼低海拔山區零星分佈。分佈海拔高度200～700公尺。

竹林內的野生蘭

　　低海拔山區村莊，特別是原住民村落周圍，常有大片林地被開墾為竹林，因竹桿、竹筍為經濟作物，為了收成，需經常整理，所以竹林可說是人為干擾較頻繁的林相。也許大家會以為這裡的蘭花應該很少，事實上，對氣生蘭來講確實是如此，但因竹子的根系極為旺盛，其他植物很難與其抗衡，所以竹林裡的植被通常相當單純，極適合淺根性的地生蘭生長，或多或少都可發現一些野生蘭。

　　在荒廢了一段時間的竹林裡，有時可發現為數眾多的地生蘭，它們在裡面儼然成為優勢的草本植物，竹林可稱得上是地生蘭的天堂。

　　最常在竹林內出現的蘭花有罈花蘭、羊耳蒜、軟葉蘭及屬於腐生蘭的赤箭等。至於氣生蘭則幾乎沒有，只有偶爾發現半地生又半附生的台灣凡尼蘭，由土面攀爬到竹桿上。

一葉罈花蘭　P120

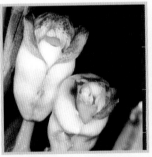
台灣罈花蘭　P122

廣葉軟葉蘭　P123

插天山羊耳蒜　P124

凹唇軟葉蘭　P126

紅鶴頂蘭　P127

一葉罈花蘭

低海拔山區竹林下，常有一葉罈花蘭成群現身於坡地枯葉間，雖然在闊葉林和針葉林內也有不少，但卻特別喜愛竹林裡的環境，如果說它是竹林內典型的地生蘭也不爲過，台北烏來、四堵山、桃園上宇內、新竹道下、竹林林道、清泉……等地的竹林間都有爲數衆多的一葉罈花蘭生著。

長棒狀假球莖頂端單生一枚大橢圓葉，爲一葉罈花蘭的辨認特徵，憑藉植株這般特徵，很容易便能在野外認出它來。有的植株葉面散佈黃色圓斑，看起來頗有美感，但黃斑形成原因不明，只知有些黃鶴頂蘭的葉面也有這樣的斑點。一葉罈花蘭的假球莖常成排相連，葉爲一年生，所以老球莖無葉，末段的新球莖上才生葉，假球莖常爲枯葉半掩著，不過幾乎都是浮於表土層，很少埋在土中，植株挺立地面靠的是粗且多毛的根以及新舊球莖相連的力量來支撐。

初春來臨，花莖便由假球莖基部側面抽出，花莖粗但不長，長度不超過18

學名：*Acanthephippium striatum*
異名：*Acanthephippium unguiculatum*
英名：One-leaved Devil-queller Orchid
別名：一葉鍾馗蘭
植株大小：30～50公分高
莖與葉子：假球莖長棒狀，基部粗而向上窄縮，長4～8公分，肉質，綠色，頂生一葉，葉片橢圓形或長橢圓形，長25～48公分，寬7～17公分，有柄，紙質，深綠或墨綠色，具光澤，偶見葉面佈黃色圓斑。

花期：春季
花序及花朵：花莖自假球莖基部側面抽出，長10～18公分，頂部密生2至7朵花，花長3～4公分，花徑1.5～3公分，花近似甕形，白色，佈紅色脈紋。
生態環境：竹林、闊葉林、雜木林或針葉林內地生，常見於半透光或適度蔽蔭的環境。
分佈範圍：台灣全島低、中海拔山區普遍分佈，分佈海拔高度300～1500公尺，而以海拔800公尺上下的竹林較多。

公分，頂部著花2至7朵，因此花是開在葉子的下方，花白色，上佈縱向紅色脈紋，外形很特別像個甕子，蠻可愛的，屬名「罈花蘭」就是指花的樣子，該屬的所有種類都開類似的花朵。

台灣罈花蘭

罈花蘭分佈於亞洲、新幾內亞及太平洋群島,共約10種,台灣產2種,除了常見的一葉罈花蘭之外,還有一種就是台灣罈花蘭,在某些地點還發現台灣罈花蘭與一葉罈花蘭混生,如在新竹五峰鄉竹林林道的桂竹林裡就有這樣的情形,可是無論在那裡看到的數量都不多,往往只是稀疏幾叢散生於林間,野外見到的機會不如一葉罈花蘭那麼頻繁。

台灣罈花蘭的假球莖呈肥碩之長卵狀,頂端生2至3枚葉,此為植株的主要特徵,而其近親一葉罈花蘭的假球莖稍為細些,且頂生單葉,雖然兩種植株外觀和質地相近,但只要根據葉子數目便得出來。

不知是何原因,台灣罈花蘭的開花率極低,在野外不曾見過它開花,即使在其花期去造訪也是如此,只有栽培多年的植株才曾開過一次花,根據觀察似乎惟有假球莖相當肥碩且多球相連的大植株才有機會開花,其花莖肥短,頂端攜2至5朵花,蠟質油亮的花朵大且顏色討好,具有觀賞價值,只可惜有緣看到它的人不多。

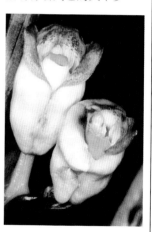

學名:*Acanthephippium sylhetense*
英名:Taiwan Devil-queller Orchid
別名:台灣鍾馗蘭、延齡鍾馗蘭
植株大小:30～50公分高
莖與葉子:假球莖長卵狀或棒狀,基部粗而上段略縮,長7～15公分,徑2.5～4公分,肉質,頂生2至3葉,少數4片,葉片長橢圓,長25～40公分,寬8～10公分,有短柄。
花期:夏季

花序及花朵:花莖暗紫色,自假球莖基部側面的新芽抽出,長15～20公分,頂部密生2至5朵花,花長4～4.5公分,徑2.5～3公分,花近似甕形,黃白色,唇瓣中裂黃色,開口處帶紫色或紫紅斑紋。
生態環境:闊葉林、針葉林或竹林內地生,常見於半透光或適度蔭蔽的環境。
分佈範圍:台灣全島低海拔山區零星分佈,分佈海拔高度300～1000公尺。

廣葉軟葉蘭

一提到廣葉軟葉蘭就會想到竹林，還有那像貓尾巴的彩色花莖。廣葉軟葉蘭大多數出現在竹林裡，而且以低、中海拔交界地帶，800至900公尺之間山區竹林最有機會遇到，它稱得上是典型的竹林內蘭花。雖然雜木林、柳杉林裡也可看得到，但總不如竹林裡來得頻繁。

它生長的環境尚有一些蘭種常與其結伴，其中包括凹唇軟葉蘭、插天山羊耳蒜、大花羊耳蒜、一葉罈花蘭、罈花蘭、細點根節蘭等，這些蘭花形成低、中海拔交界地帶常見的竹林特有組合。

廣葉軟葉蘭的花期在春末至盛夏，也就是天氣轉熱，時序步入盛暑的時候。花期持續三個月，各地開花時間不同，有先有後，不過，同一地點的植株多半同時開花，有時能欣賞到成群盛開的景致，有幸巧遇，相信會讓您留下深刻的印象。

花莖係由莖頂葉間筆直抽出，花從基部向上依次綻放，由開始至整個花序開完持續一至二個月，花兒隨著開花先後變換顏

色，整個花序五花十色相當好看。

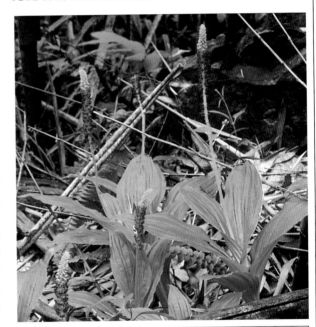

學名：*Malaxis latifolia*
英名：Cat Tail Orchid
別名：花柱蘭、貓尾蘭
植株大小：20～50公分高
莖與葉子：莖肉質，綠色或帶有紫色，長圓錐狀，有的略為歪斜，長10～25公分，徑1～2公分，葉子4至6枚輪生，葉片橢圓形或長橢圓形，長10～20公分，寬4～7公分，略為歪斜，綠色，紙質。
花期：春末至仲夏

花序及花朵：花莖自莖頂新葉間抽出，直立，長20～40公分，總狀花序著花60至100朵，花徑0.5公分左右，花初開時為綠色，然後轉黃，盛開時呈紫色或紫紅色。
生態環境：竹林、雜木林或針葉林地生，喜潮濕、半透光的環境。
分佈範圍：台灣全島零星分佈，以低、中海拔交界地帶較易見到。分佈海拔高度500～1500公尺。

插天山羊耳蒜

走在中海拔山區竹林裡、闊葉林間，經常可以看見疏鬆林床間或多或少散生著羊耳蒜，其中多半是植株筆挺的大花羊耳蒜，少數植物體偏向矮壯，葉子稀疏3、4枚，外形跟大花羊耳蒜好像不太一樣，其實那就是插天山羊耳蒜。在新竹尖石鄉道下海拔800公尺一處荒廢竹林，以及五峰鄉竹林林道海拔800公尺的桂竹林裡，都有大花羊耳蒜和插天山羊耳蒜混生於林床間，兩種羊耳蒜在五月同時綻放，紅花、黃花與綠葉繽紛，為寂靜的竹林增添不少色彩。

低海拔常見的地生羊耳蒜以寶島羊耳蒜和大花羊耳蒜最多，插天山羊耳蒜看到的機會很少，在海拔600公尺起才偶爾可見，其實插天山羊耳蒜絕大多數分佈於中海拔，尤以中海拔下層800至1200公尺的竹林及闊葉林內最集中。它雖分散於由北到南的山區，但各地的數量往

學名：*Liparis sootenzanensis*
異名：*Liparis nigra* var. *sootenzanensis*
英名：Chiatienshan Liparis
別名：黃花羊耳蒜
植株大小：25～40公分高
莖與葉子：莖粗壯肉質，長14～25公分，近基部最粗，徑2～3公分，葉子3至5枚，斜生卵形，長18～25公分，寬6～12公分，紙質，具褶扇式縱褶，綠或深綠色，帶光澤。
花期：春季，4、5月盛開。

花序及花朵：花莖自新芽頂部葉間抽出，長15～30公分，總狀花序著花10至15朵，花徑2～2.8公分，花朵初開青綠色，逐漸轉黃，而呈黃綠或土黃色。
生態環境：竹林、闊葉林、針葉林或雜木林地生，喜溼涼、遮蔭、林相疏鬆的環境。
分佈範圍：台灣全島低、中海拔零星分佈，少有大族群出現。分佈海拔高度400～1500公尺，以海拔800～1200公尺竹林內較多。

往零散幾株至十來株，少有大片族群出現，要說數量夠多的地方，目前只在花蓮龍溪海拔1200公尺之陰濕闊葉林坡地見過，那裡的插天山羊耳蒜經常一、二十株密生成群，沿途所見便數以百計，稱得上是插天山羊耳蒜的大本營。它的分佈上限在中海拔中層，於嘉義奮起湖海拔1400公尺及台中鳶鳴山海拔1500公尺處所見的本種植物，應是其分佈的上限。

本種係日據時代1933年首次在桃園南插天山採得，故取名插天山羊耳蒜，為台灣的特有野生蘭。過去曾被視為大花羊耳蒜的插天山變種，可見其與大花羊耳蒜關係很近，兩種的花形近似，只是顏色不同，大花羊耳蒜開暗紫紅花，而插天山羊耳蒜花初開為青綠色，幾天後轉黃呈黃綠色，成熟時變成黃玉色，所以別名稱它「黃花羊耳蒜」，花朵壽命2至3週。

凹唇軟葉蘭

軟葉蘭的種類相當多，總數超過300種，廣泛分佈於世界各地。台灣產的有7種，凹唇軟葉蘭為其中植物體最小的一種，植株高在15公分以下，葉子3到4枚，外型很像小型的寶島羊耳蒜。肉質的莖紫綠色，歪橢圓形的葉片綠色，葉背帶紫色，尤其在葉脈處突出呈龍骨狀，紫色較深，是辨別特徵。

凹唇軟葉蘭喜愛竹林的環境，與它相遇的機會十之八九是在竹林裡，有它的地方也常有廣葉軟葉蘭及一葉罈花蘭出現。花期在5到7月，這段期間正好也是廣葉軟葉蘭的花期，因此，常見兩種軟葉蘭在竹林裡同時開花。花莖纖細，斜向上抽出，末端微彎，長10至15公分，上半段著花20至30朵，花朵小，花徑只有0.5公分，初開時為綠色，然後轉為紫綠色，凋謝前呈紫色，因此一花莖上常有不同顏色的花存在。

學名：*Malaxis matsudae*

別名：凹唇小柱蘭

植株大小：8～15公分高

莖與葉子：莖圓筒狀，肉質，紫綠色，長7～12公分，徑0.7～0.8公分，葉子3～5枚，葉片斜生卵狀長橢圓形，長4～10公分，寬2～3.5公分，葉表綠色，葉背帶紫色。

花期：春末至仲夏

花序及花朵：花莖自莖頂新葉間斜向上抽出，長10至15公分，著花20至30朵，花徑約0.5公分，初開時為綠色，然後轉為紫綠色，凋謝前呈紫色。

生態環境：竹林地生，少數長在雜木林或杉林裡，喜潮濕、半透光的環境。

分佈範圍：台灣全島零星散佈。分佈海拔高度500～1500公尺。

紅鶴頂蘭

在山上流連，有時會看到當地民眾把紅鶴頂蘭種在花園樹蔭下，當成景觀植物欣賞。鄉間居民也常把紅鶴頂蘭種在大花盆裡，擺在門口妝點門面。由於紅鶴頂蘭綠葉扶疏，花莖挺拔，花朵既多又大，顏色頗為討好，長久以來便廣為栽培，為常見的庭園植物。然而，由於生育地主要位於低海拔地區，與人類從事農墾活動的範圍相衝突，生存範圍急劇萎縮，現今反而在山林裡很難遇到，僅能於深山密林中，或是近中海拔的林緣偶然碰見。

本土的鶴頂蘭有四種，分別為紅鶴頂蘭、黃鶴頂蘭、細莖鶴頂蘭和粗莖鶴頂蘭，都是大型的地生蘭；紅鶴頂蘭的花是紅褐色，黃鶴頂蘭的花是黃色，細莖鶴頂蘭的花是粉色，而粗莖鶴頂蘭的花是綠色。如果能將它們種在一塊，成為鶴頂蘭組合盆，那麼便能在春夏秋冬四季，欣賞不同的花色接連綻放。

紅鶴頂蘭的花未展開時整個花苞是白的，當花朵寬展時，裡面紅褐色便顯露出來，整朵花顏色搭配頗為醒目。紅鶴頂蘭少數會開白變型的素色花，因缺紅色素，花裂背面和唇瓣呈白色，而花裂正面初開時為淡綠，然後轉黃，也相當好看。

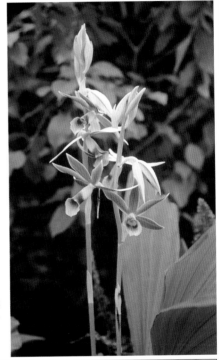

學名：*Phaius tankervilleae*
英名：Red Crane Orchid
別名：鶴頂蘭、紅鶴蘭
植株大小：70～110公分高
莖與葉子：植株無莖，葉直接自假球莖上長出，假球莖叢生，倒卵狀或扁球狀，徑3～3.5公分，葉子3至5枚，卵狀披針形，表面具褶扇式縱褶，紙質，長40～80公分，寬7～15公分。
花期：春季至仲夏，3、4月為盛開期。
花序及花朵：花莖自假球莖側面抽出，粗長，長60～100公分，徑1～1.3公分，總狀花序，著花4至20朵，花徑約8～10公分，花背面白色，正面灰紫紅色，唇瓣喇叭狀，泛紫色或紫紅色。
生態環境：原始闊葉林或竹林地生，喜陰濕、通風好的環境。
分佈範圍：台灣全島低海拔以及蘭嶼島零星分佈。產地包括台北烏來、坪林、桃園平溪、花蓮研海林道、虎頭山、龍潤。分佈海拔高度300～1300公尺。

中海拔是野生蘭的大本營

中海拔山區空氣涼爽、水氣充足，相當適合蘭科植物生長，因此有眾多美麗的種類以此為家，根節蘭中的選美皇后黃根節蘭就以海拔800至1200公尺一帶為族群的大本營。

風蘭家族主要分佈於低海拔地區，而新竹風蘭算是異類，它喜歡涼爽的環境，因此多半要在海拔1000公尺以上才會看到它，圖中的新竹風蘭更不可思議，竟然長在海拔2100公尺的灌木枝條上。

海拔800公尺以上至2300公尺屬於中海拔溫帶林，這裡是所謂霧林帶所在的地區，午後經常雲霧瀰漫，氣候涼爽，水氣充足，極為適合植物的生長。中海拔下層與低海拔的氣候相差不多，有的低海拔蘭花也會在這裡出現。某些地區中海拔上層有部分高海拔的冷涼氣息，因此，有的高山蘭花也會出現在這一帶。而中海拔地帶原本就有很多種類，所以可以說是野生蘭種類最豐富的地帶，像是豆蘭、根節蘭、蕙蘭（國蘭）、石斛、松蘭等有觀賞價值的種類，便是以中海拔為大本營。

中海拔野生蘭的花期主要在三月底至七月初，這個地帶賞蘭地點很多，北部就有台北北插天山、桃園拉拉山、宜蘭棲蘭山、明池、新竹尖石、司馬庫斯，中部有台中鞍馬山、鳶嘴山、南投溪頭，南部則有奮起湖、阿里山、南橫由梅山經檜谷至向陽沿線，都有很多種類可以去尋找。

原始闊葉林與雜木林的野生蘭

　　中海拔原始闊葉林孕育著大量的野生蘭，不管是在樹上、岩石上的附生蘭，還是在林下的地生蘭，種類都相當豐富，可以說是台灣野生蘭匯聚的精髓地帶。在這裡出現的種類為台灣蘭科總數的一半以上，許多具有代表性的蘭花，譬如台灣金線蓮、恆春金線蓮、鹿角蘭、紫紋捲瓣蘭、紅盔蘭、大武斑葉蘭、香蘭、紅斑松蘭、寬唇松蘭、台灣金釵蘭（大萼金釵蘭）、台灣一葉蘭……等，在這個地帶的美麗森林裡都可以找得到。

　　雜木林多數為原始林砍伐後殘留再生或再造的次生林，這類林相通常較為稀疏單調，少了點原始林的野味。雖說如此，但因中海拔的氣候涼爽、濕氣充足，適合植物生長，仍然存在有許多的種類，在某些地點還可以發現大量野生蘭。不過，雜木林裡的蘭種一般不如原始闊葉林那麼豐富多樣。

　　這裡野生蘭的花期主要在春季和夏初，但因種類繁多，四季都有花在開，例如石斛在冬末至春季開花，風蘭主要在春季，豆蘭在春末至仲夏，金線蓮與斑葉蘭在夏季至秋季，鹿角蘭在冬季，而根節蘭類由春季至冬季都有不同的種類在開花。

台灣金線蓮　P.132

鹿角蘭　P.134

寬唇苞葉蘭　P.136

花蓮捲瓣蘭　P.137

白毛捲瓣蘭　P.138

溪頭豆蘭　P.140

小豆蘭　P.142

狹萼豆蘭　P.143

紫紋捲瓣蘭　P.144

黃萼捲瓣蘭　P.145

毛藥捲瓣蘭　P.146

傘花捲瓣蘭　P.148

尾唇根節蘭　P.149

翹距根節蘭　P.150

竹葉根節蘭　P.152

細花根節蘭　P.153

黃根節蘭　P.154

馬鞭蘭　P.156

羞花蘭　P.157

金草蘭　P.158

新竹石斛　P.160

臘著頦蘭　P.161

小腳筒蘭　P.162

鳥嘴蓮　P.163

緣毛松蘭　P.164

金松蘭　P.165

台灣松蘭　P.166

紅斑松蘭　P.168

香蘭　P.169

騎士蘭　P.170

撬唇蘭　P.172

心葉羊耳蒜　P.174

小花羊耳蒜　P.176

長穗羊耳蒜　P.177

長葉羊耳蒜　P.178

台灣金釵蘭　P.179

南湖山蘭　P.180

細莖鶴頂蘭　P.181

黃鶴頂蘭　P.182

烏來石仙桃　P.184

台灣一葉蘭　P.185

台灣金線蓮

談到台灣金線蓮，大家都知道具有療效，是名貴的藥材。它也是觀葉植物，其葉面暗綠色，鑲白金色脈紋（名字便是因此特徵而來），葉背帶紅紫色，顯露高貴的氣質，光看植株就覺得很美。在花市或農會展售場所見的台灣金線蓮都是以葉取勝，或強調其實用性，很少拿開花株來賣，所以知道花朵長什麼樣的人不多。事實上花挺漂亮的，它的花期在秋天，每年入秋，花莖便由莖頂葉間抽出，而於十月底盛開，直挺的花莖上掛著幾朵不算小的長形花朵，花裂與花莖的顏色相仿都是紅褐色，唇瓣顏色雪白，中央微黃，形狀像魚骨，也有幾分羽毛的模樣，是全花的注目焦點，將整朵花的美都襯托出來。

台灣金線蓮的名字裡有個「蓮」字，不過卻是道地的蘭科植物，在蘭花分類上隸屬於開唇蘭屬（金線蓮屬），該屬約25種，分佈於亞洲熱帶地區、澳洲以及玻里尼西亞群島，大多數具有觀葉價值，在國外被稱作「珠寶蘭」。

台灣金線蓮為本土特有

學名：*Anoectochilus formosanus*
異名：*Anoectochilus roxburghii*
英名：Taiwan Jewel Orchid
別名：金線蓮、金錢仔草
植株大小：5～15公分高
莖與葉子：莖柔軟細長，長10～20公分，紅褐色，下半部匍匐於土面，上部直立生葉4至5枚，呈放射狀排列，葉片卵形至卵圓形，長2～5公分，寬1～3.7公分，紙質，葉表暗綠色，佈白色或白黃色網紋，葉背紅紫色或泛紅暈。

花期：夏末至秋季
花序及花朵：花莖自莖頂葉間抽出，直立，長7～20公分，每花序著花3～7朵，總狀花序，花長2～3公分，花徑1.4～1.7公分，花裂紅褐或黃褐色，唇瓣白色，中央帶黃色。
生態環境：原始林、闊葉林、人造針葉林、竹林內林床腐植土、腐葉堆地生，自生於溫暖或涼爽、陰濕的環境。
分佈範圍：台灣全島低至中海拔山區零星分佈，分佈海拔高度400～1500公尺，以600～1200公尺較多。

的植物，廣泛分佈於全台灣，由北部台北市陽明山至南端屏東南仁山都有，過去有些產地族群茂盛，動輒數以百計，二十年前在溪頭便曾見過如此盛況，近來大量族群已不復見，不過經常於各地見到零星數量，少則幾株，多則二、三十株。

台灣金線蓮爲低至中海拔山區陰濕林床上的小型草本植物，喜歡生長在腐植質豐富的地方，屬於淺根性，根僅稀疏幾條淺埋於表土層，莖細長而柔軟，下半段匍匐於土面，常爲枯葉所遮掩，上半段彎曲向上，上頭4至5枚葉子排列成輻射狀，在野地

所能看到的部份便是它的上半段莖葉。

金線蓮的藥效已爲國內外的醫學研究所證實，其莖葉富含脂質、維生素C及多種礦物質，能增加人體的抵抗力，具滋補養生、清熱解火的功效，因此有民間業者製成金線蓮茶包及罐裝飲料，也有餐飲業以此爲號召，提供金線蓮大餐，又其具有強肝功能，可改善因肝機能不佳引起的青春痘、黑斑等皮膚症狀，也有廠商推出金線蓮美容養顏保養品。在政府技術輔導下，經地方農會推廣，金線蓮人工大量栽培已發展成頗具規模的精緻農業，不僅國內重

視，遠在天邊的俄羅斯，也以無菌播種大量繁殖金線蓮對外銷售。

鹿角蘭

鹿角蘭是台灣的特有蘭花，葉子很特別，呈肉質針狀，十枚左右排列在短莖的兩邊，模樣讓人聯想到鹿頭頂上的角，所以便叫作鹿角蘭。也有人叫它「小鹿角蘭」，因為株身僅有4到7公分高，實在很小。在分類上，它隸屬於百代蘭屬（鹿角蘭屬），該屬約有九種，台灣就鹿角蘭這一種，而且是該屬中植物體及花朵都最迷你的一種。

如果能夠在野外看到鹿角蘭開花，往往會留下深刻的印象。1999年12月底去南投賞蘭，在梅峰海拔2100公尺林木參天的闊葉原始林裡，不經意發現花兒盛開的鹿角蘭，成群附生於巨樹主幹頂及近樹冠

橫枝。如果不是成球的紫紅花，受陽光照拂，反射出一閃一閃的火燄般光芒，想要看到它的身影，實在並不容易。2000年12月初的南橫之行，途經台東檜谷海拔2450公尺，又見鹿角蘭開花，它與二裂唇莪白蘭同棲於路旁一苔蘚、地衣滋生的闊葉樹橫枝上，在那壯麗的山谷中駐足，欣賞紫紅花球的鹿

角蘭與黃穗花序的二裂唇莪白蘭一起綻放，真是人間能有幾回的盛景。

鹿角蘭的外形與另一台灣特有種撬唇蘭（松葉蘭）很像，兩種都具針葉，植株姿態雷同，如果對這兩種蘭花不熟，很有可能會把撬唇蘭當作是大型的鹿角蘭。不過，只要仔細比對，還是可以從植株看出端倪。鹿角蘭株身迷你，

學名：*Ascocentrum pumilum*
英名：Small Ascocentrum
別名：小鹿角蘭
植株大小：3～8公分高
莖與葉子：莖長1～5公分，葉二列互生，4至15枚密集生於短莖上，呈扇狀展開，葉片針狀，呈弓狀姿態，長4～7公分，寬0.2～0.3公分，肉質，綠色或佈紫斑。
花期：冬末至春季，主要為12月至翌年5月。
花序及花朵：花莖自莖基側老葉鞘中抽出，長2～4公分，著花3至10朵，花徑約0.5公分，花朵淺至深粉紅紫色或紫紅色，唇瓣基部有距。
生態環境：原始闊葉林高大樹木主幹或枝條附生，喜潮溼且陽光充足的環境。
分佈範圍：台灣全島中海拔山區普遍分佈。產地包括宜蘭南湖大山、桃園角板山、復興尖山、新竹司馬庫斯、台中大雪山、鳶嘴山、畢祿溪、南投清水溝、沙里仙、埔里、北東眼山、梅峰、嘉義阿里山、高雄多納、屏東鬼湖、台東檜谷。分佈海拔高度700～2450公尺。

大小不會超過10公分，根細且較少。而撬唇蘭植株多在10公分以上，最大的有16公分，根粗又長，數量多，常密生成一把。它們的花差別很大，撬唇蘭不但植株較大，花也大得多，花徑達3公分，花為白色，有的泛粉紅色，唇瓣基部生一長距，一旦開花，便知分曉。

寬唇苞葉蘭

寬唇苞葉蘭是一種謎樣般的草本蘭花，晚秋轉寒之際，莖葉變黃枯萎，逐漸由地面上消失，僅餘埋藏在地下幾公分處的塊莖，於冬季進入休眠期。二、三月之際，由地下塊莖萌生的新芽緩緩浮出土面，於春天長成全新的莖與葉，當夏季即將來臨時，新生植株已近成熟，莖頂的花莖也準備就緒，初夏的六月中正式開出第一朵紫蝶般的美麗花朵。待所有的花開過之後，便只有等待新生塊莖的成熟與成熟莖葉的老去，這就是寬唇苞葉蘭短暫一年歲月的生活史。

寬唇苞葉蘭不開花時像一般的草花，花莖看起來就像是莖的延長，表面密佈纖細的軟毛。它的苞片很特別，外形跟葉子一模一樣，只是尺寸稍小一點而已，這是苞葉蘭屬的共有特徵。花苞藏在苞片裡，當花梗變長而微露出苞片外時便是開花。唇瓣是寬唇苞葉蘭最美麗的地方，樣子使人聯想到蝴蝶的翅膀，所以它又叫「紫蝶蘭」。

雖然寬唇苞葉蘭早在二十世紀初便由日本學者在南投巒大山發現，但之後八十餘年未再有人看過它。直到十幾年前，才由野生蘭界老前輩謝振榮先生，於東部山區發現它的產地。

學名：*Brachycorythis galeandra*
英名：Purple Butterfly Orchid
別名：紫蝶蘭

植株大小：10～35公分高
莖與葉子：地下塊莖長1.5～2公分，寬約0.8公分，莖細長圓柱狀，直立，長8～25公分，葉呈螺旋狀排列，4至7枚，葉片橢圓形或橢圓狀披針形，長2～4.5公分，寬1～2公分，柔軟紙質，綠色。

花期：夏季，主要在6月。
花序及花朵：花莖自莖頂抽出，長5～15公分，著花3至10朵，花徑1.4～1.5公分，花長1.8～2公分，花裂淡綠色，唇瓣特大，呈倒扇形，白底帶紫色且佈深紫色放射狀脈紋。
生態環境：山坡灌木叢、二次疏林、雜草叢間土石地或紅土地，喜稍有蔭蔽的環境。
分佈範圍：台灣中部及東部零星分佈，族群稀少。分佈海拔高度600～3000公尺。

花蓮捲瓣蘭

花蓮捲瓣蘭是不常見的小型豆蘭，它的特色是根莖短，且假球莖密集聚生而成片狀。花蓮捲瓣蘭的莖葉和花朵都像是鶴冠蘭的縮小版，假球莖是卵球狀的，長度0.6～1公分，大概是姐妹種鶴冠蘭的一半大小。花朵也小了一號，長度介於2.5～3.5公分之間，顏色為金黃色，上萼片和花瓣邊緣生白色軟毛，尤其是上萼片前端的毛較長，頗為明顯，而鶴冠蘭花長3.5～4.5公分，初開時為草綠色，而後變成橘色或橘紅色。

除了台灣產之外，花蓮捲瓣蘭也分佈於中國南部及越南。在台灣，已知的產地僅有幾處，南投蓮華池是常被提到的地點，再來就是花蓮和台東。

學名：*Bulbophyllum hirundinis*
英名：Hualien Cirrhopetalum
別名：朱紅冠毛蘭
植株大小：2.5～5公分長
莖與葉子：匍匐根莖短，假球莖聚生，卵球狀，長0.6～1公分，徑0.4～0.8公分，表面生皺紋，白綠色，頂生一葉，葉片橢圓或長橢圓形，長2～4公分，寬0.7～1公分，暗綠色，厚革質。
花期：夏季，主要在7、8月，不過至9月仍有零星花朵。

花序及花朵：花莖自假球莖基部側面抽出，長5～13公分，每花序著花4至8朵，繖狀花序，花長2.5～3.5公分，花徑0.3～0.4公分，初開時為鮮黃色，而後轉成金黃色，快謝前變成橘黃色，唇瓣帶橘紅或紅色，上萼片和花瓣邊緣生白色長毛，側萼片也有有零星白毛。
生態環境：原始闊葉林樹木枝幹附生，喜潮溼、通風的環境。
分佈範圍：台灣本島北部、中部及東部零星分佈，分佈海拔高度700～1500公尺。

白毛捲瓣蘭

第一次在野外初遇白毛捲瓣蘭是在新竹縣尖石鄉的原住民部落司馬庫斯。2000年的四月天，清晨5點由台北出發，經漫長而崎嶇顛簸的山路，到達海拔1600公尺的目的地，已是日正當頭的中午時分，稍事準備進入原始林內不久，就在一棵兩人高的闊葉木發現了蘭蹤，樹的主幹和僅及腰身的粗枝表面爬滿了豆子般小小的白毛捲瓣蘭，可愛極了。這棵樹真是蘭花寶庫，在長滿白毛捲瓣蘭的橫枝略上方的另一橫枝上，新竹石斛和鹿角蘭就附生在青綠的苔蘚層中，頭頂上向天的枝條上長著幾叢白石斛，

而主幹上端則有一株大萼金釵蘭花兒盛開著。

另一次邂逅是在南橫的賞蘭之旅，經台東向陽海拔2300公尺原始闊葉林區的一次停車休息過程中，在路旁堆棄的枯木上看到白毛捲瓣蘭，旁邊的樹木上長著松葉蘭，附近堆放的枯枝上還有紅檜松蘭和

二裂唇莪白蘭，向陽的白毛捲瓣蘭應是本種海拔向上分佈的極限。

白毛捲瓣蘭是一種小品豆蘭，淡綠微泛黃的假球莖有點像黃豆，長度1公分上下，頂端長著一片典型的革質葉，葉片呈長橢圓形或倒卵形，葉子的大小變化很大，一般所見葉長

學名：*Bulbophyllum albociliatum*
英名：Red Shoe Bulbophyllum
別名：紅鞋蘭
植株大小：2.5～4.5公分長
莖與葉子：具細長的攀緣性根莖，球與球莖隔1～3公分，假球莖長卵狀或卵圓狀，長0.6～1.3公分，寬度0.5～0.7公分，頂生一葉，葉片長橢圓形或倒卵形，少見呈線狀長橢圓形，長1.7～3.5公分，寬0.5～1公分，少見達6公分，革質，暗綠色。
花期：春季，多在3、4、5月，少數遲至6月還開花。
花序及花朵：花莖自假球莖基部側面抽出，長3～4公分，頂生2至4朵花，少見5至6朵，繖狀花序，花長0.7～1.1公分，高雄六龜產

的則有1.5公分長，花徑0.4～0.5公分，花朵帶光澤，花瓣、上萼片及唇瓣深紅至紅褐色，側萼片褐色、橘褐或橘黃色，花瓣及上萼片周邊密生白色長毛。
生態環境：原始闊葉林內樹木主幹或粗枝上成片附生，喜冷涼潮濕苔蘚滋生、局部透光投射得到的環境。
分佈範圍：台灣全島中海拔山區零星分佈，在台北烏來鄉、桃園復興鄉士林、新竹尖石鄉司馬庫斯、台中八仙山和梨山、南投溪頭、高雄六龜、屏東大武山、台東浸水營以及向陽均曾發現過，但產量不多，分佈高度800～2300公尺，以海拔1200～1600公尺未受干擾的原始闊葉林內較有機會找到。

多在2公分左右，但在高雄六龜海拔800公尺產的則大了一倍，寬度也加倍，且質地較厚；又在北部某產區海拔1300公尺所見的白毛捲瓣蘭，葉寬和葉厚都屬正常，但葉長卻達6公分之多，呈線狀長橢圓形，若不是開了花得以確認，真會誤以為是黃萼捲瓣蘭。

每年春天一到，細如針線的花莖由成熟的假球莖基部側邊悄悄的抽出，長度大約為植株的兩倍，末端幾朵小花兒呈傘狀一字排開，帶紅色或橘色的花朵像迷你鞋一般，因此也有人叫它「紅鞋蘭」。花朵的上萼片和花瓣邊緣密生白色長毛，是它的特色，學名及中文名稱都是根據這個特徵而來的。

白毛捲瓣蘭是台灣的特有蘭花，生長於本島中海拔霧林帶，由北到南都有發現紀錄，但族群稀少。喜歡附生在涼爽潮溼的原始林內闊葉樹主幹或下方粗枝，常與苔蘚、地衣共生。白毛捲瓣蘭生長的地方也是白石斛、鹿角蘭、松葉蘭等喜愛的環境。

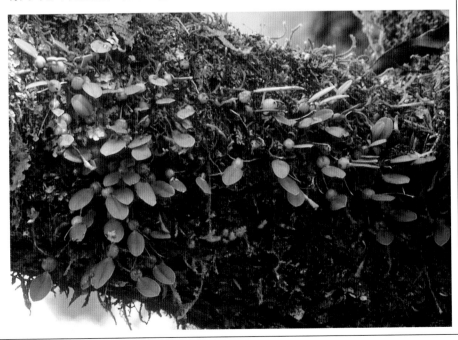

溪頭豆蘭

溪頭豆蘭的植株外形酷似阿里山豆蘭，橄欖綠色的卵狀假球莖上生出一枚深綠色的長橢圓葉，若不是碰巧趕上花季的末班車，親睹遲來的一朵花，八成會把它當作阿里山豆蘭而輕易忽略了。或許正是基於這個因素，雖說溪頭豆蘭的莖葉長度約有7公分，且習於聚生成簇，理應十分容易被注意到，但遲至幾年前才被正式發表。

初次遇見溪頭豆蘭是在2000年元月的溪頭之行，於海拔1100公尺闊葉樹上看到幾叢豆蘭，由植株判斷原本以為是主產於中海拔的阿里山豆蘭，接著又在附近杉木、灌木及岩壁表面找到多叢，有的結了蒴果，以酪梨狀的果實姿態懸垂，落於植株的下方，其中一叢竟然還有一朵花開著，這時才恍然大悟，原來是新東西。它的花不大，花徑1.7公分，如果與其植株相比算是小的，花莖短，幾乎貼在假球莖上頭，花形倒是與阿里山豆蘭相似，不過唇瓣和蕊柱構造不盡相同，可以斷言本種與阿里山豆蘭有近緣關係，花米白色底，有點透明的感覺，全朵密佈紫紅細斑，這樣的斑紋在台灣已知的21種豆蘭當中並無類似的情形。

溪頭豆蘭喜愛選在涼爽潮濕的處所著床，那裡環境溼氣重，長期水汽充足，其附生的枝幹或岩壁苔蘚、地衣滿佈，有的溪頭豆蘭就乾脆躺在厚厚的苔床裡，那種感覺想必相當舒服。多數植株生長在蔭蔽處，無論在杉木高枝、闊葉樹枝椏或近地的

學名：*Bulbophyllum chitouense*
英名：Chitou Bulbophyllum
植株大小：5～11公分長
莖與葉子：匍匐根莖短，假球莖密生，卵狀，長1.5～2公分，徑0.5～0.9公分，橄欖綠色，頂生一葉，葉片長橢圓形或長橢圓狀披針形，長4～10公分，寬1.1～2公分，葉表深綠色，帶光澤，葉背淺綠色，軟革質。
花期：秋季，零星遲至冬初。

花序及花朵：花莖自未成熟的新球莖基部側面抽出，長3～4公分，頂生單花，花朵半開，花徑1.2～1.7公分，米白色底密佈紫紅細斑。
生態環境：闊葉樹、針葉樹、灌木枝幹或岩壁附生，喜涼爽潮溼、遮陰或半透光、苔蘚滋生的環境。
分佈範圍：目前僅在南投溪頭發現，分佈海拔高度1000～1500公尺。

灌木枝條，光線都不強，葉面多半呈深綠色，少數附生在岩壁的植株接受透光照射，假球莖偏黃，葉子寬短，葉面變成綠色，有的葉緣還帶黃色。

台灣是一多山的國度，境內深山密林廣佈，即使是在知名的觀光景點仍有新的物種未被發現，那麼在眾多山脈人跡難及的高山縱谷裡，必然隱藏著若干未知的寶藏，欲知台灣的生物多樣性是多麼豐富，有賴愛好大自然的同好多多觀察自己的土地。

小豆蘭

　神秘的小豆蘭，隱身山林綠叢間，常與伏石蕨為伴作偽裝，即使高手眼尖發現了它，也總以狹萼豆蘭待之，直到有一天小花兒綻開了，這才露出了廬山眞面目。

　小豆蘭與狹萼豆蘭、小葉豆蘭都是沒有假球莖的豆蘭，葉子直接長在細細的根莖上，植物體大小也相仿，若不是開花株，要區別它們實在需要費一番功夫。小豆蘭的葉子1.5至3公分長，在這三種之中屬於較大的，而小葉豆蘭的葉子只有0.5至0.6公分長，是最小的。小豆蘭的根莖上長葉的節和不長葉的節交錯而生，是它的主要特徵。

　小豆蘭是台灣的特有植物，因其植物體小、花又迷你，實不易觀察，目前僅在台北及花蓮幾個地方發現過，其族群狀況和分佈範圍究竟如何，仍有進一步調查的空間。

學名：*Bulbophyllum aureolabellum*
植株大小：1～3公分長
莖與葉子：匍匐根莖纖細，無假球莖，每間隔1～2公分生一葉子，葉片橢圓至長橢圓形，長1.5～3公分，寬0.8～1公分，革質。
花期：冬末至初春
花序及花朵：花莖自根莖上長出，長1.5～2公分，著花2至3朵，花徑0.7～0.8公分，花朵乳白色或白黃色，唇瓣橘色或黃色。
生態環境：原始闊葉林或雜木林樹幹附生，喜潮溼、遮蔭的環境。
分佈範圍：台灣本島零星分佈，已知的產地包括台北烏來、坪林和三峽、花蓮能高山和林田山，分佈海拔高度300～1200公尺。

狹萼豆蘭

狹萼豆蘭沒有假球莖，小小的葉子就直接連在纖細的根莖上，成排成列地附生於樹幹表層。外形酷似山區潮溼環境裡常見的伏石蕨之營養葉，若不湊近端詳，很容易就忽略了。仔細觀察，還是可以理出一些特徵供作區別，狹萼豆蘭的根莖是土色的，有節，灰綠的葉片長在節上，節下生氣根一至三條，多少會殘留一些枯乾的舊花莖，而伏石蕨的走莖綠色，密生紅褐色鬚根，營養葉油亮厚實。

在桃園山區曾發現狹萼豆蘭與小豆蘭生長在同一棵樹上，讓人產生錯覺以為是同種蘭花在冬末開二、三朵白黃帶橘黃的小花，而春天開單朵的淺黃大花。這主要是因為兩種都是無假球莖的豆蘭，植物體實在太相近了。事實上，前一種是小豆蘭，花莖約1.5公分長，花小，花徑只有0.5～0.7公分。而後面那種是狹萼豆蘭，花朵明顯大得多。另外

還有一種叫小葉豆蘭，也是沒有假球莖的，葉子超小，僅0.5～0.6公分，較圓，花莖約2公分長，開雙花，花朵大小跟葉子差不多。至於曾在台北縣小阿玉山發現的白花豆蘭，雖然也無假球莖，但根莖短，葉子密生且葉片長，比較容易辨認。

學名：*Bulbophyllum drymoglossum*
別名：瓜子蘭
植株大小：1～2公分長
莖與葉子：葡匐根莖纖細，無假球莖生，每間隔1～1.5公分生一葉子，葉片橢圓至卵形，長0.6～2公分，寬0.4～1公分，灰綠色，肉質。
花期：春季至夏初
花序及花朵：花莖自根莖上長出，長2.5～6公分，著花1朵，花徑1.6～2公分，花朵半透

明的乳白色或淡黃色，唇瓣帶紅色。
生態環境：原始闊葉林內樹幹附生，少數長在岩壁上，喜潮溼、通風、陽光透射得到的環境。
分佈範圍：台灣本島低、中海拔零星分佈，已知的產地包括台北烏來、哈盆和坪林、桃園復興、台中大雪山、南投溪頭、杉林溪、高雄多納、宜蘭南澳、花蓮林田山以及台東，分佈海拔高度300～1900公尺。

紫紋捲瓣蘭

紫紋捲瓣蘭的體型和外表跟黃萼捲瓣蘭差不多，不開花時實在很難辨別，若要硬著頭皮區分，只有靠多年的比對，才約略理出一點頭緒。兩種的葉片都是厚革質，但紫紋捲瓣蘭的葉子稍薄，球與球的間距稍大一些。春夏之交，自成熟的假球莖基部側面抽出細長的花莖，因纖細而呈弓狀彎曲，末端攜花10朵左右，是典型的繖狀排列，花白綠色佈滿紫色條紋和斑點，討好的紫色加上雅緻的紋路，細細品味還挺耐看的，現今廣為使用的名字，就是根據花紋而取名。

紫紋捲瓣蘭是台灣的特有植物，在全島低、中海拔山區零星發現，以北部台北、桃園和東部花蓮一帶較多，常長在原始林內近溪邊的樹幹上。

學名：*Bulbophyllum melanoglossum*
英名：Purple Stripe Cirrhopetalum
植株大小：5～9公分長
莖與葉子：匍匐根莖上間隔2～6公分生一長卵狀假球莖，表面光滑，具淺溝，長1～2公分，徑0.9～1.2公分，頂生一葉，葉片長橢圓形，長4～8公分，寬1～2公分，深綠色，厚革質。
花期：春季或夏季，由4月至7月，6月為盛開期。
花序及花朵：花莖自假球莖基部側面抽出，細長而呈弓狀彎曲，長8～10公分，每花序著花7至16朵，繖狀花序，花長1.8～2公分，花朵白綠底密佈縱向紫色或紫紅色條紋及細斑。
生態環境：原始林內闊葉樹主幹或枝條上附生，喜溼氣充足的環境。
分佈範圍：台灣全島零星分佈，過去常見，近年來看到的次數較少，分佈海拔高度300～2000公尺，以中海拔800～1200公尺產量較多。

黃萼捲瓣蘭

黃萼捲瓣蘭是一種可愛的小型附生蘭，因為花的兩片側萼片大且呈鮮豔的黃色，而被命名為黃萼捲瓣蘭。秋冬之際細嫩的花莖從假球莖基部伸出來，6至8朵花兒頗有自律的排列成梳子的模樣，因為這個緣故，以前也有人叫它「黃梳蘭」，每一朵花宛如玲瓏的小鞋子，蠻討人喜歡的。

黃萼捲瓣蘭普遍分佈於南亞及東南亞，產地包括印度、不丹、錫金、尼泊爾、緬甸、泰國、寮國、柬埔寨、越南、中國、印尼、馬來亞以及寶島台灣，像它涵蓋那麼廣大範圍的蘭種，實不多見。

在台灣，黃萼捲瓣蘭生長於全島低、中海拔森林裡頭，以海拔800～1500公尺原始林內最常見。喜歡溼氣充足、午間陽光滲透得到的地方，常見它們匍匐根莖交疊，纏繞在樹幹或枝條上，如果幸運的話，還可以看到它們像練了壁虎功似的成片黏附在光禿的岩壁表面，造物主的神奇，在黃萼捲瓣蘭的身上也感受到了。

學名：*Bulbophyllum retusiusculum*
英名：Yellow Comb Orchid
別名：黃梳蘭、蘚葉捲瓣蘭、蘚葉石豆蘭（中國）

植株大小：4 ～ 8公分長
莖與葉子：匍匐根莖上間隔1.5～4公分生一卵球狀假球莖，表面光滑，具淺溝，長1～2公分，徑0.8～1公分，頂生一葉，葉片狹長橢圓形，長3～7公分，寬1～1.7公分，深綠色，具光澤，厚革質。
花期：秋季或冬季，最早的在8月中旬就零星展開，最遲的直到翌年2月，9、10、11月為盛開期。

花序及花朵：花莖自假球莖基部側面抽出，纖細，長4～6公分，每花序著花6至8朵，繖狀花序，花徑0.5～0.6公分，長約1.5公分，花鮮黃色，上萼片、花瓣及唇瓣帶暗紫紅色。
生態環境：原始林、雜木林內樹幹或枝條附生，少數附著在岩石表面，喜溼涼、通風，能夠接受到半透光的環境。
分佈範圍：台灣全島都有，分佈海拔高度500～1900公尺，以中海拔800～1500公尺產量最多。

毛藥捲瓣蘭

毛藥捲瓣蘭是不常見的豆蘭家族成員,1999年十二月底在南投台大實驗林原生蘭溫室中,首次看到盛開中的毛藥捲瓣蘭,當時興奮的想到林讚標教授所著『台灣蘭科植物』第

一冊中描述的毛藥捲瓣蘭,竟能不期而遇,真是有夠幸運。這毛藥捲瓣蘭的花形挺立,姿態優雅,花長達4公分。隔年十一月中旬,在台灣野生蘭界老前輩何富順先生處,又看到採集自南投近台中縣界海拔1850公尺的毛藥捲瓣蘭,兩盆盛開著,另幾盆

帶著花莖,花朵2.5～3公分長,花姿稍微歪斜,兩側萼片交錯,有點像一個人靠坐著翹著二郎腿,頗符合書上的描述。至於在野外,僅有一次遇到毛藥捲瓣蘭,那是在2001年一月的南橫之旅,於高雄縣境海拔1900公尺原始闊葉林內,一片綠花寶石蘭海之中,發現一小叢毛藥捲瓣蘭隱身在樹幹上溼漉漉的苔蘚叢之中。

毛藥捲瓣蘭的外形像小一號的傘花捲瓣蘭,只是本種的假球莖呈卵狀且硬實,葉長多介於8～12公分之間,葉尖近圓頭,質地較厚。而傘花捲瓣蘭的假球莖是卵狀圓錐形的,頂端窄縮變尖,葉子較長,長度多在11～15公分之間,近尖頭。

毛藥捲瓣蘭的花期究竟是在冬季或是春季,或者是冬季至春季,筆者所見

學名:*Bulbophyllum omerandrum*
英名:Chi-tou Cirrhopetalum
別名:溪頭捲瓣蘭
植株大小:10～17公分長
莖與葉子:匍匐根莖粗硬,球與球間隔1～4公分,假球莖卵狀,表面有縱溝,黃綠色,帶光澤,長1.5～2.5公分,寬度1.2～2公分,頂生一葉,葉片線狀長橢圓形,長8～15公分,寬1.5～2.5公分,厚革質,墨綠色,帶光澤。
花期:春季或冬季,4、5月或11、12月。

花序及花朵:花莖自假球莖基部側面抽出,長8～12公分,頂生2至3朵花,總狀花序,花徑1.5～2.5公分,花長2.5～4公分,花朵土黃或黃綠色,佈紅褐或紫褐細斑,花瓣末端邊緣密生紅褐或紫褐細毛。
生態環境:原始闊葉林內樹木枝幹或岩石表面附生,喜冷涼潮濕苔蘚、地衣叢生的環境。
分佈範圍:台灣本島中部中海拔原始林是主要產區,南部也有零星發現,分佈高度1000～2000公尺。

的植株都在冬季開花，書本上記載的則都在春季，確切的花期到底為何，有待進一步觀察。花莖約為植株的長度，近似牙籤粗細且末端稍粗，表面密佈紫紅色不規則細斑，攜帶2或3朵花，花色土黃或黃綠色，跟傘花捲瓣蘭的花色接近，不過它的上萼片和花瓣末端密佈紅褐或紫褐細斑，花瓣末端邊緣密生紅褐或紫褐細軟毛，是一項特色，而藥帽上具梳狀緣毛則是主要的特徵，學名和中文名稱就是據此而命名的。

傘花捲瓣蘭

傘花捲瓣蘭又叫大豆蘭，因在台灣除了烏來捲瓣蘭及穗花捲瓣蘭有比較大的個體之外，就數屬它

植株較大，假球莖連同葉子最大有18公分長。

春天是傘花捲瓣蘭力求表現的時節，四月到來，細長的花莖陸續自假球莖基側抽了出來，花莖比植株短，揹著3至7朵花兒，因地心引力的拉扯而向下彎曲。淡黃綠色花朵至多2公分長，和植株相比之下，有點不相襯的感覺。

傘花捲瓣蘭的外形像大的毛藥捲瓣蘭，假球莖是卵狀圓錐形的，頂端窄縮變尖，葉長多在11～15公

分之間，近尖頭，葉子比較長。而毛藥捲瓣蘭的假球莖是卵狀的，較硬實，葉子稍短，長度多介於8～12公分之間，葉尖近圓頭，質地較厚。

傘花捲瓣蘭普遍分佈於南亞及東南亞一帶，產於尼泊爾、不丹、印度、中國、越南、寮國以及柬埔寨。在台灣，由北到南、低至中海拔森林內樹幹或岩壁附生，環境適應性較強，能耐溼度稍低的環境，屬較易栽培的品種。

學名：*Bulbophyllum umbellatum*
英名：Umbrella Flower Cirrous Orchid
別名：纖形捲瓣蘭、大豆蘭
植株大小：10～17公分長
莖與葉子：匍匐根莖粗硬，球與球間隔2～4公分，假球莖卵狀圓錐形，頂縮變尖，表面有縱溝，青綠至黃綠色，帶光澤，長2～3公分，寬度1.5～2公分，頂生一葉，葉片帶狀長橢圓形，長9～15公分，寬1.5～3公分，厚革質，深綠色，帶光澤。
花期：春季或夏初，4～6月都可見開花。

花序及花朵：花莖自假球莖基部側面抽出，長9～11公分，頂生3至7朵花，繖狀花序，花徑約1公分，花長1.5～2公分，花朵黃綠色或土黃色，密佈細紅斑。
生態環境：原始闊葉林或次生林內樹幹或岩石表面附生，陰溼或半透光的環境都有。
分佈範圍：台灣全島低、中海拔都有，分佈海拔高度700～1700公尺。產地包括桃園三峽、復興鄉巴陵、苗栗、台中八仙山、鳶嘴山及大雪山、南投溪頭、嘉義阿里山、高雄六龜以及東部花蓮龍潤、台東等地。

尾唇根節蘭

　　夏天上高山觀賞路邊的野花，可以順便到林子裡走一走，幸運的話，還能欣賞尾唇根節蘭開花的盛況。海拔偏高的地方，天氣回暖來得遲些，即使是身兼媒婆的蟲兒們，不待天暖便不現身，因此尾唇根節蘭選在高山的春天五月底至八月中開花。

　　星形的花朵垂掛在細嫩的綠梗上頭，形態十分優美。花朵會釋放帶點辛辣的香味，偏好刺激味的蟲兒，想必會喜歡接近它。花形給人尖尖的感覺，花裂都是尖長形的，從背面看為橄欖綠色，往正面瞧則是濃烈的紅褐色，由不同角度觀之，好像它會變裝似的。唇瓣主要是白色，形狀因生育地不同很多變，但共同的特點是，中裂前緣中央窄縮變尖形成一尾狀突出物，這條尾巴是尾唇根節蘭的註冊商標，也是它的命名由來。

　　尾唇根節蘭選擇大山林立的中央山脈作為它的家園，尤其是處於山脈心臟位置的台中、南投之中高海拔交接地帶，是最常聚集之所。除了溫度和溼度的要求頗為敏感之外，尾唇根節蘭對於著床於什麼物體上頭，並不特別要求，雖見多數長在林床腐質土中，但也有著生在溼度夠的岩石上，或附生在苔蘚地衣滿佈之樹幹上。

學名：*Calanthe arcuata*
異名：*Calanthe caudatilabella*
英名：Tail Lip Calanthe
別名：鋸葉根節蘭
植株大小：20～30公分高
莖與葉子：根莖不明顯，假球莖成簇密接，卵錐狀或橢圓狀，長約2公分，葉子5至8枚，葉片線形，長15～40公分，寬0.7～2.1公分，葉緣波浪狀，紙質，暗綠至墨綠色，具光澤。
花期：春末至夏季
花序及花朵：花莖自假球莖側葉間抽出，近直立或斜生，長30～50公分，總狀花序著花5至18朵，排列鬆散，花徑2.5～3.5公分，花裂深紅褐色，中脈及邊緣白綠色，唇瓣白色，基部具黑紫色條紋，距長約2公分。
生態環境：原始闊葉林或人造針葉林內地生或樹幹、岩石附生，喜冷涼陰濕、通風良好的環境。
分佈範圍：台灣全島零星分佈，產地包括宜蘭中央尖山、桃園達觀山、新竹樹海、苗栗、台中畢祿溪、合歡溪、南投合社、霧社、瑞岩溪、梅峰、花蓮清水山、嘉義阿里山、高雄梅山、屏東北大武山及台東。分佈海拔高度1600～2800公尺，海拔2000公尺以上居多。

翹距根節蘭

春天來臨時，走在中海拔原始闊葉林裡，常有機會欣賞到翹距根節蘭開花的盛況。一串串白裡透紫的花兒嬌羞地垂著頭，默默散發著柔美，為陰溼密林點綴幾許色彩。

當冬天接近尾聲，天氣逐漸回暖的時候，翹距根節蘭的新芽便如春筍般加快成長腳步。花莖就躲在新芽裡頭，隨著新生嫩葉一起茁壯。到了初春，含苞的花序便露出頭來，拋開新葉的保護，兀自向上伸展，在春暖的時節展現它最美好的一面。其他春季開花的根節蘭，如阿里山根節蘭、細花根節蘭、黃根節蘭和三板根節蘭，也都有這樣的成長歷程。

由於翹距根節蘭的花和葉，與其兄弟種阿里山根節蘭有幾分相似，加以人們對它較為陌生，以致光芒完全被名氣響亮的阿里山根節蘭所掩蓋，而且也常被誤認為是阿里山根節蘭。雖說如此，其實它們各自有其獨特的一面，下次遇到了，不妨多從細部觀察，相信不難分別。翹距根節蘭的葉柄偏長，長度介於15與25公分之間，葉片比較寬圓，質地是厚紙質，摸起來較有韌性，花徑2至3公分，面朝下呈半開狀，距長介於1.4與2公分之間，往上翹，它的名字就是根據這個特徵而來的。阿里山根節蘭的葉柄稍短，一般介於5與15公分之間，葉片質地為普通的紙質，花大得多且寬展，花徑3至6公分，距較短，長度介於1與1.5公分之間，末端微向下彎。

學名：*Calanthe aristulifera*
異名：*Calanthe elliptica*
英名：Broad-leaved Calanthe
別名：闊葉根節蘭
植株大小：30～50公分高
莖與葉子：根莖不明顯，假球莖成簇密接，圓錐狀或倒卵狀，長1.5～2公分，葉子2至4枚，葉子全長40～60公分，有長柄，葉柄長15～25公分，葉片長橢圓形，長25～35公分，寬5～10公分，厚紙質，深綠色，具光澤。
花期：冬末至春季，

花序及花朵：花莖自新芽中抽出，花莖挺直，長25～45公分，總狀花序著花10至20朵，排列鬆散，花長2.5～3公分，花徑2～3公分，花朵呈垂頭姿態，距往上翹，花白色，微泛淡紫暈，唇瓣米色，有的佈紫褐斑紋，距筆直朝上，長1.4～2公分。
生態環境：原始闊葉林內地生，喜潮溼陰涼的環境。
分佈範圍：台灣全島尚稱普遍，新竹以北為其主產地，尤以新竹一帶中海拔森林最多。分佈海拔高度1000～2500公尺，以海拔1000～1700公尺較集中。

竹葉根節蘭

花序像繡球的竹葉根節蘭，它的根莖非常發達，成網狀擴散，常形成大的群落。在宜蘭往太平山途中，海拔1200公尺的一處潮濕原始林陡坡，就長著一大片竹葉根節蘭，它們根莖相連，莖葉交疊，綿延近20公尺，十分壯觀。

有時竹葉根節蘭也會長到岩壁上，成了名副其實的石生蘭。在宜蘭明池海拔1200公尺路旁滲水的岩壁上，一叢竹葉根節蘭由岩壁頂部繁衍而出，根莖順著壁面向下伸展，有些分支末端懸於半空中，實在不像是根節蘭的行徑。

更有趣的是，竹葉根節蘭也會爬樹。在花蓮瑞穗林道海拔1000公尺的闊葉林內，它由土面沿樹幹攀緣而上，在樹上分叉處密生成叢，有的分支則又繼續沿著斜向粗枝往上爬，這樣的身手，恐怕只有台灣凡尼蘭才能贏過它。

此外，它也可以是道地的氣生蘭。在宜蘭往太平山途中，海拔1400公尺的陰濕密林裡，就有竹葉根節蘭長離地約3公尺的橫向粗枝上，成片附生著。生長方式像竹葉根節蘭這麼有彈性的，在台灣原產的根節蘭當中可謂絕無僅有，不得不佩服它對環境的強大適應能力。

學名：*Calanthe densiflora*
英名：Bamboo Leaf Calanthe
別名：密花根節蘭
植株大小：30～50公分高
莖與葉子：根莖粗硬，匍匐生長，每間隔5～15公分生出一芽，假球莖小，不明顯，頂生葉子3枚，偶生4枚，葉片線狀橢圓形，長35～50公分，寬5～8公分，紙質，淺綠色。
花期：秋末至冬初，主要在10至12月。
花序及花朵：花莖由假球莖側斜向上抽出，花莖短，長僅12～16公分，為數片膨脹的苞片所包覆，總狀花序呈球狀，著花30至50朵，排列緊密，花徑2～2.2公分，花朵半張，距圓筒狀，花檸檬黃色。
生態環境：原始闊葉林，或偶見於人造針葉林，地生或附生，多生於冷涼潮溼、光線弱的密林裡。
分佈範圍：台灣全島零星分佈，中西部少見。產地包括台北拔刀爾山、熊空山、宜蘭南澳、白嶺、明池、桃園上宇內、拉拉山、新竹五指山、南投溪頭、花蓮和平、瑞穗林道、台東浸水營。分佈海拔高度700～1500公尺，以海拔1000～1200公尺較多。

細花根節蘭

細花根節蘭在台灣僅出現於北部和東部山區，因族群有限，在野外遇到的機會不多。即使有幸發現了，多半只是寥寥幾株，未聞有大的族群出現。它的垂直分佈落差達1000公尺以上，如在三峽滿月園，細花根節蘭就長在溪邊，這裡的海拔只有250公尺。而在花蓮雞鳴山，它的棲地則攀升到1500公尺。儘管如此，目前已知的大多數產區都落在800～1000公尺之間，似乎在那不高不低的領域，也就是低海拔與中海拔的交接地帶，細花根節蘭活得最自在，因而也是較有可能遇到它的地方。

在2000年的四月天到台北市陽明山踏青，在大屯自然公園海拔800公尺處，欣見細花根節蘭棲身於大岩石上頭邊緣一棵闊葉樹根系之間，幾朵紅黃相間的花兒，掛在微彎的柔細花莖上，隨風輕擺，實在有夠飄逸。大岩石附近的一處有崩塌痕跡的陡峭碎石坡，也長了三小叢細花根節蘭，周圍尚有白鶴蘭、紅花羊耳蒜相伴。

細花根節蘭的葉子質地和樣子頗似阿里山根節蘭，只是比較瘦長罷了。

學名：*Calanthe graciliflora*
英名：Slim Flower Calanthe
別名：纖花根節蘭
莖與葉子：根莖不明顯，假球莖近球狀，長1.5～2公分，寬1.5～2公分，葉子2至3枚，葉全長30～50公分，有葉柄，葉柄長10～20公分，葉片倒披針形，長20～30公分，寬4～7公分，薄軟的紙質，綠色至深綠色，具光澤。
花期：春季至夏初，3、4月盛開。
花序及花朵：花莖在新葉發育中，自假球莖側葉間抽出，花莖細長，前半段彎曲，長40～60公分，總狀花序著花6至10朵，排列鬆散，花徑2.5～3公分，花朵寬展，有的花瓣微向後仰，花的背面紅褐或土褐色，內面橄欖綠或乳黃帶褐色。
生態環境：原始闊葉林內地生，多生於陰溼林床。
分佈範圍：台灣本島北部及東北部，產地侷限，族群數量有限。分佈海拔高度250～1500公尺，以海拔800～900公尺較集中。

黃根節蘭

如果來票選台灣最美麗的根節蘭,那麼毫無疑問的,黃根節蘭必然會高票拔得頭籌。它集大眾偏好的多項賞花標準於一身,兼具花大、色鮮又帶香,而葉寬大渾厚,予人灑脫的感覺,是極富觀賞價值的野生蘭。

國人看待蘭花的印象,多以具革質葉的氣生蘭或所謂的洋蘭為標準,對於紙質葉的地生蘭,除了蕙蘭屬中的國蘭之外,受重視的並不多。不過在東洋的日本,品花蒔草的角度寬廣得多,氣生蘭與地生蘭各有所鍾,皆受廣大趣味者喜愛。根節蘭在日本叫作蝦脊蘭,被歸在山野草裡頭,而黃根節蘭被視為其中的上品。尤其是台灣某些產區的花具宜人香氣,極受山野草趣味者的喜愛,過去曾有蘭商大量栽培,外銷日本及歐美。

根節蘭的繁殖力強,在適應的環境中成長快速,往往很容易形成群落。黃根節蘭喜愛生長在低海拔與中海拔交接地帶的陰溼林相裡,常成大的群落散佈於林間,在某些地點,它是林床上的優勢蘭種,

學名:*Calanthe sieboldii*
異名:*Calanthe kawakamii*
英名:Yellow Calanthe
植株大小:30〜55公分高
莖與葉子:根莖不明顯,假球莖密接成排,扁球狀,徑2.5〜3公分,葉子2至3枚,葉子寬大,全長35〜60公分,有長柄,葉柄長15〜25公分,葉片寬橢圓形至倒卵形,長20〜35公分,寬9〜20公分,厚紙質,暗綠色。
花期:冬末至春季,2、3月是盛開期。
花序及花朵:花莖自新芽中抽出,花莖挺直,長30〜60公分,總狀花序著花10至20朵,花徑3.5〜6.5公分,花朵寬展,鮮黃或蛋黃色,某些產地的花朵帶有香味。
生態環境:針葉林、闊葉林或竹林坡地生,喜涼爽陰溼或半透光的環境。
分佈範圍:台灣本島北部及中部山區,已知產地包括台北龜山、北插天山、宜蘭四季、桃園插天山、東眼山及拉拉山、新竹五指山、李棟山、尖石、苗栗南庄、台中雪山、南投巒大山、望鄉山,分佈侷限,但在某些產區,族群相當大。分佈海拔高度700〜1600公尺,以海拔800〜1200公尺族群較盛。

喜與細點根節蘭為伍，共同佔據一個區域。有時黃根節蘭也會出現在竹林裡，竹林的葉層偏疏，透光性趨強，不過黃根節蘭仍然正常成長，也會開花結果。

2000年三月底前往新竹尖石賞蘭，於海拔800公尺的一片隱密竹林裡，撞見黃根節蘭就在竹林陣間，挺著花莖綻開鮮黃的大花朵，在午後柔和的透光襯托下，顯得益發耀眼。一時之間，所有的目光都被它的光芒所吸引，拋開身旁餘光掃到的其他

蘭花，兀自加快手腳猛按快門，好像此刻不把握，待會兒就會跑掉似的。在一陣激動過後，定下心來舉步四望，恍然發現，原來這片荒廢的桂竹林竟是地生蘭的天堂。除了四散的黃根節蘭，還有一叢花開近尾聲的阿里山根節蘭，更有細點根節蘭、插天山羊耳蒜、大花羊耳蒜、寶島羊耳蒜、凹唇軟葉蘭、一葉罈花蘭、黃唇蘭、長葉杜鵑蘭、闊葉杜鵑蘭、台灣金線蓮……等。實在讓人有點應接不暇，驚奇連連。

馬鞭蘭

只要馬鞭蘭一開花，便知道中海拔山區的春天來臨了。每年三、四月間，在海拔1000公尺以上的山路旁樹蔭下，或是林緣半透光的林床間，常有機會看到馬鞭蘭的花，花莖自土面竄起挺立於綠叢間，一排垂頭的粉白花，好像很有默契似地全朝向光線亮的一方，於風中輕擺，散發清柔的芳香。因花序像中國京劇用的馬鞭道具，故取名「馬鞭蘭」。

馬鞭蘭的植株外形類似台灣一葉蘭，第一次在山上遇到它，還頗為興奮地以為找到了一葉蘭；但它的假球莖淺埋在土內1至2公分深，一葉蘭的假球莖則半露在土表。近球狀的假球莖頂端生一片紙質葉，因薄軟的關係，常彎曲傾向一邊。馬鞭蘭喜歡單獨生活，雖然一株裡頭都有幾個假球莖相連，但多是無葉的老球莖，僅末端新生的球莖上有一片葉子，所以常見一片片長葉間隔一段距離散佈於林間。

馬鞭蘭是台灣中海拔山區頗具代表性的地生蘭，以海拔1200至2000公尺的山區最多，不過最低曾在新竹尖石海拔800公尺左右的雜木林邊見到，而最高則在台東向陽海拔2300公尺的原始闊葉林緣。

學名：*Cremastra appendiculata*
英名：Horse Whip Orchid
植株大小：25～35公分高
莖與葉子：假球莖近球形，長1.5～2公分，徑1.5～2.5公分，頂生一葉，葉片狹長橢圓形，長30～45公分，寬4～7公分，薄紙質，綠色或青綠色，少數葉片佈黃斑。
花期：3至5月
花序及花朵：花莖自假球莖上的節抽出，長35～50公分，著花6至15朵，花向一側排成一列，花朵呈懸垂狀，花朵半開，花長4～5公分，花徑約4公分，花朵米白底帶紫色，花藥黃色，有的帶淡香。
生態環境：原始闊葉林高大樹木主幹或枝條附生，喜潮溼且陽光充足的環境。
分佈範圍：台灣全島中海拔林緣尚稱普遍。分佈海拔高度800～2300公尺。

環境，因此要看它最好到中海拔去找，尤以1000至1500公尺的原始闊葉林帶出現的頻率較高。常見它附生在大樹樹幹頂端分叉處，或是樹梢粗枝上頭，有的尚且著生在光禿的枯樹上頭，接受全時的日照。金草蘭是典型的叢生植物，通常一叢由數十支莖組成，大叢的能多達200支莖，盤繞著枝幹表皮環生，相當地壯觀。

金草蘭的莖細細長長的，形狀為筆直的長圓柱狀，新莖偏綠色，老莖色澤轉黃，新芽基部葉鞘佈滿漂亮的紫色斑點，是很好的辨認特徵。如果靠近莖的基部仔細地聞一聞，會有一股似中藥味的清香入鼻。許多石斛都是中藥藥材，金草蘭的莖陰乾後可入藥，它的青綠嫩葉入口細嚼，別有一番滋味，據說也有滋補效果。

金草蘭在每年的春末、夏初開花，花莖自前一年成熟落葉的莖之前半段的節上抽出，花軸被三、四片膨脹的杯狀苞片所包覆（台灣產的石斛當中，就屬它具有這樣的苞片，也是一項辨認特徵），苞片表面帶有細紫斑點，每一花序著花2、3朵，花朵為鮮豔的金黃色，又帶有芳香，相當具有觀賞價值。金草蘭的栽培並無特別難處，但因它屬於中海拔植物，平地居家環境氣溫偏高，要它正常開花並不容易。

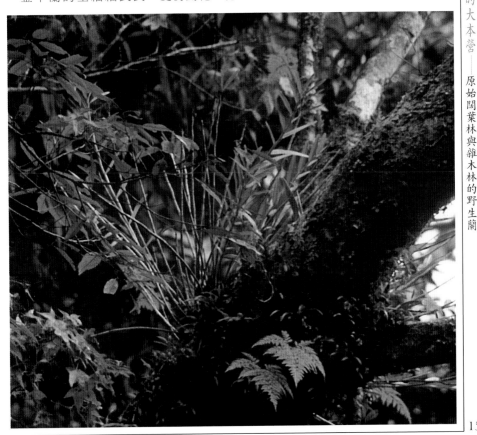

新竹石斛

石斛給人的印象總是細細長長的莖，長著兩排葉子，可是新竹石斛的長相一點也不像這樣，那暗紫紅色的假球莖呈紡錘狀，一節一節相連成串有如串珠，在中國就乾脆叫它「串珠石斛」。它的模樣實在不怎麼突出，初看的人多半會以為它已呈焦黑乾枯，想要把它丟掉，然而，它的植株雖然不怎麼樣，但花朵卻很大且色香俱全，紅黃白三色的花朵不時散發陣陣芳香，在焦黑的莖和零星的綠葉襯托下，愈發顯得出眾。

它的植株纖細柔軟，在自然界是以懸垂的方式附著於樹幹或傾斜的橫枝，花朵乍看猶如展翅的朱鸝，所以也有很多人叫它「紅鸝石斛」。台灣中海拔霧林帶孕藏著豐富的自然資源，新竹石斛也以新竹縣境內中央山脈的中海拔山區產量最多，因此便以其主要的產地來命名。

新竹石斛非常不容易馴化，栽培困難是出了名的，若以一般石斛的栽培方法，往往會失敗：它的根很細，不耐乾燥，栽培時最好以水苔包覆莖基部及根系，且必須經常澆水，使根部持續保持潮濕狀態。此外，它的原生地氣候涼爽多濕，不太能夠忍受高溫，因此，如何提供它適溫的環境，也是栽培成敗的關鍵。

學名：*Dendrobium falconeri*
英名：Red Oriole Dendrobium
別名：紅鸝石斛、串珠石斛
植株大小：20～60公分長
莖與葉子：莖纖細倒垂，多分支，紡錘狀的假球莖相連成串，每一假球莖有1至2節，只有前段新長的假球莖著葉，葉子5至8枚，葉片線狀倒披針形，5～6公分，寬0.3～0.4公分，深綠色，薄紙質。
花期：春季至夏初，4月為盛開期。

花序及花朵：花莖由莖前段的節抽出，單花，花徑4～8公分，帶香味，花朵白底，花被前端及唇喉帶紫粉紅色，唇瓣側裂泛黃暈。
生態環境：原始闊葉林、針葉林樹幹、粗枝或腐木懸吊附生。喜冷涼潮溼、空氣流通，且有適度遮蔭的環境。
分佈範圍：台灣本島西半部，產地範圍北自台北縣，南到嘉義縣。分佈海拔高度800～2000公尺。

臘著頦蘭

中海拔原始林相裡有一種株身迷你可愛的攀緣性附生蘭叫臘著頦蘭，其根莖匍匐延伸，假球莖成排相連，附著於溼氣足的闊葉樹幹表皮，生長茂盛時交織成片爬滿大片樹幹。

臘著頦蘭的植株外觀有幾分像豆蘭，生長方式與阿里山豆蘭相似，假球莖一端接著另一假球莖的一端相連成排。不過臘著頦蘭的假球莖呈有稜角之歪卵形，顏色為茶褐色或是黃綠色，乾萎後變成黃褐色，且質地較硬，跟豆蘭的感覺不太一樣。就分類的觀點看，其實它與石斛的關係反而比較接近，曾一度被歸入石斛屬裡，叫作「連珠石斛」。

臘著頦蘭的花期由中秋節過後開始，一直持續到舊曆新年，開花性稍為零散，很少看到花多壯觀的景象出現，通常每次綻放幾朵，在持續數月的花期間漸歇開出。對比其小巧的株身而言，花朵顯得相當出眾，且質地為具光澤的臘質，花裂呈黃褐色或是淡綠色，唇瓣為褐色透明，全花無論是大小、質地或色澤都相當出色，極具觀賞價值，為難得的本土特有小型蘭科植物。

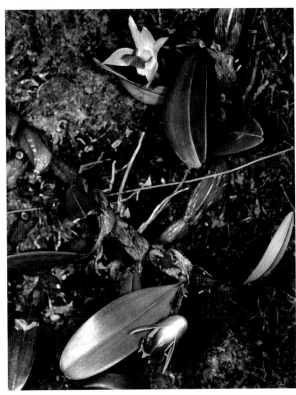

學名：*Epigeneium nakaharaei*
英名：Waxy Flower Epigeneium
別名：連珠石斛、臘連珠
植株大小：2～6公分高
莖與葉子：根莖明顯且會分支，假球莖一頭接著另一假球莖一頭，密接成排，假球莖多角之歪卵狀，長2～3公分，徑0.9～1.2公分，茶褐色或黃綠色，頂生1葉，葉片長橢圓形至卵形，長2.5～5公分，寬1～1.5公分，帶光澤之暗綠色，革質。

花期：中秋至冬季
花序及花朵：花莖自新生成熟的假球莖頂端抽出，長度1～2.5公分之間，著花僅一朵，但花徑有2.5～3公分，對比其小巧的株身而言，顯得相當大，且為具光澤的臘質花，花裂呈黃褐色或淡綠色，唇瓣褐色。
生態環境：原始闊葉林內樹幹或粗枝附生，喜冷涼陰濕的環境。
分佈範圍：台灣本島北部及中部中海拔原始林散佈。分佈海拔高度800～2400公尺。

161

小腳筒蘭

小腳筒蘭是一種可愛的小型氣生蘭，植株高僅十餘公分，假球莖光滑整潔，形狀如圓筒，頂端長著少數幾片葉子，外形給人小巧簡潔的感覺，頗能討人喜愛。

小腳筒蘭屬於複莖類的蘭花，通常十幾至數十支莖形成一叢，但因體積不大，又長在高樹上，在野外不容易觀察，看到的次數並不多。其中一次在台北縣三峽深山溪谷海拔800公尺處，它長在闊葉樹上層樹枝，能發現它實在是運氣，起初是在行經的路徑上看到地上散落著幾叢，於是在附近的樹上搜尋才發現的。另一次是在南投縣溪頭海拔1100公尺處看到，它長在銀杏樹幹高處，這一次也是間接發現的，因為先看到附近樹上有一叢叢的扁球羊耳

蒜盛開著，便拿起望遠鏡瀏覽一番，這才發現它的蹤跡。

小腳筒蘭與大腳筒蘭稱得上是一對兄弟，兩種的植株外形相似，小腳筒蘭就像是矮小的大腳筒蘭。不過在野外，它們很少有

碰頭的機會，小腳筒蘭分佈於800公尺以上的原始林區，最高及於2000公尺，為典型的中海拔植物。大腳筒蘭只見於低海拔山區，從200公尺起就可以找到，分佈海拔最高不超過800公尺。

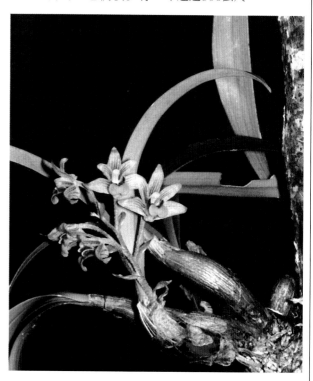

學名：*Eria amica*
英名：Small Cylinder Orchid
植株大小：12～19公分高
莖與葉子：植株成簇密生，假球莖圓柱狀，為葉鞘所包覆，長4.5～7公分，徑0.7～1公分，頂生2至4枚葉子，葉片長橢圓或披針形，長8～12公分，寬0.9～1.5公分，軟革質。
花期：春季

花序及花朵：花莖由莖頂部小孔斜向上抽出，長5～6公分，黃褐色帶粉紅色，著花4、5朵，苞片鮮明，卵形，青綠色，花徑約1.5公分，花朵乳黃色，密佈縱向平行粉紅或紫紅色條紋，唇瓣鮮黃色，側裂帶紅褐色。
生態環境：中海拔原始林內樹木枝幹附生，喜陰涼或半透光的潮濕環境。
分佈範圍：本島北由台北烏來起，向南分佈置嘉義阿里山。分佈海拔800～2000公尺。

鳥嘴蓮

秋季裡中海拔陰濕林床間，偶爾能遇到腐葉堆中竄出的小地生蘭開花，細軟的莖上攜著幾片白肋的暗綠葉，葉間抽出直挺的花莖，因花朵半張，花裂尖頭，模樣如鳥嘴，所以取名為「鳥嘴蓮」。

鳥嘴蓮習性類似台灣金線蓮，喜歡躲在潮濕涼爽的林蔭下，常為腐葉低枝半遮掩。在花蓮龍溪海拔1200公尺的陰濕闊葉林坡地就有許多鳥嘴蓮與少許台灣金線蓮混生，當時為九月初，台灣金線蓮尚無花莖，不過幾株鳥嘴蓮正值盛開之際。林內四處還有為數眾多的大武斑葉蘭，阿里山根節蘭、插天山羊耳蒜及竹柏蘭也不少，樹幹上攀附著成片的黃萼捲瓣蘭和紫紋捲瓣蘭，樹腰間幾叢樹絨蘭或

直立或懸垂，而樹冠上則簇生金草蘭，真可謂是地生蘭與附生蘭的大集合。

鳥嘴蓮為藥用植物，也可作觀葉植物。不過，林床上另有一種地生蘭——白點伴蘭（白肋角唇蘭），外形與鳥嘴蓮幾乎一模一樣，尤其是在低海拔常會認錯。白點伴蘭的株身稍大，葉片略長，最大的差別是葉背不帶紅暈，花朵近閉，開口極小，能自花授粉，常結成一串蒴果。

學名：*Goodyera velutina*
英名：Bird's Bill Orchid
植株大小：10～15公分高
莖與葉子：根入淺土中，莖柔軟細長，長20～30公分，下半部蔓延於腐質土面腐葉堆間，上部直立，暗紅褐色，頂部生葉4至5枚，呈放射狀排列，葉片卵形至橢圓形，長2.5～5公分，寬1～2公分，薄紙質，葉表暗綠色，中脈白色線條明顯，葉背泛紅暈。
花期：秋季

花序及花朵：花莖自莖頂葉間抽出，直立，長4～15公分，每花序著花6～9朵，總狀花序，全數面向光線強的一方，半開，花徑約1.2～1.5公分，花朵白色，帶紅褐暈。
生態環境：原始闊葉林內林床地生，喜冷涼陰濕的環境。
分佈範圍：台灣全島中海拔山區零星分佈，分佈海拔高度700～2000公尺，以1200～1500公尺較多。

163

緣毛松蘭

緣毛松蘭的花實在有夠小，花徑只有半公分左右，為台灣產的松蘭當中花朵最小的。雖然也有特別小型的紅斑松蘭，花徑也在半公分出頭，但一般的紅斑松蘭花朵都有1公分大。除了花小之外，其唇瓣舷部呈三角形，邊緣長著細白毛，因為這樣的特徵而取名為「緣毛松蘭」。

緣毛松蘭的植株並無格外顯著的特色，它的葉子斑斑點點的，有幾分像是紅斑松蘭的葉子。如果不是開花株，很容易被當作是紅斑松蘭。另一方面，緣毛松蘭的莖是匍匐性的，每一節上都有可能長根，因此能貼著樹皮表面走。它也會分支，有的分支因無足夠的根支撐而懸垂在半空中，生長習性頗像台灣松蘭。整株給人的感覺像是紅斑松蘭與台灣

松蘭的綜合體。然而在某些產區，也有斑葉的台灣松蘭，這樣複雜的情形使得緣毛松蘭因植株的特性模糊，而變得更加難以捉摸。也許是因為這個緣故，緣毛松蘭遲至1993年才在南投鳳凰山因開花株的關係，而被辨認出來。

緣毛松蘭最早的發現紀錄是在日本，因此它不是台灣的特有蘭種，僅是台灣的新紀錄種。

學名：*Gastrochilus ciliaris*
植株大小：7～40公分長
莖與葉子：莖匍匐性，多分支，節上長根，莖長6～38公分，葉子二列互生，葉片卵狀橢圓形或倒披針形，長1～2.5公分，寬0.3～0.5公分，肉質，葉面及葉背佈褐斑或紫紅斑。
花期：夏季
花序及花朵：花莖長1～1.2公分，著花3至4朵，花徑0.35～0.6公分，花朵半開狀或近展開，黃綠色，帶褐色或紫色斑紋，唇瓣囊袋半球狀或杯狀，舷部三角形，邊緣生細白毛。
生態環境：中海拔原始林內樹幹附生，喜涼爽潮溼且有遮蔭的環境。
分佈範圍：台灣本島中部，目前已知僅產於南投鳳凰山。分佈海拔高度1800公尺。

金松蘭

金松蘭是謎樣般的小蘭花，喜歡依附在高大雄偉的紅檜樹幹上。也許是它的居所不易為人類所及，能在森林裡一睹其風采的人並不多，因此至今仍保有幾許的神祕色彩。

這種松蘭的花為帶點透明之鮮黃色，因此就取了一個很有價值的名字叫「金松蘭」。類似黃花的松蘭在台灣還有紅檜松蘭，只不過紅檜松蘭花初開呈綠色，然後逐漸變黃或橘黃。而金松蘭的花初開就是黃的，並維持這樣的色調直到花謝。

金松蘭目前僅發現於中部以南的少數幾處地點，自從1978年首次採得以來，仍極為稀有，它也是台灣的特有蘭科植物。

學名：*Gastrochilus flavus*
英名：Golden Pine Orchid
植株大小：7 ～ 12公分長
莖與葉子：莖長5～ 10公分，葉子二列互生，葉片長橢圓形，長1.5～3公分，寬0.7～0.9公分，肉質，葉表綠色，葉背灰綠色。
花期：冬末、春季
花序及花朵：花莖短，約1公分，由莖前半段葉鞘斜向下伸出，著花2～7朵，花徑1～1.2公分，花朵黃色，具零星褐斑或紫斑，唇瓣近白色，具錐狀囊袋，略扁平，舷部白色，除了中央的黃色塊斑之外，密生白毛。
生態環境：針葉林內樹木枝幹懸垂附生，喜涼爽潮溼、通風良好的環境。
分佈範圍：台灣本島中部、南部零星發現，已知僅產於南投望鄉、嘉義阿里山、高雄藤枝。分佈海拔高度1000～2000公尺。

台灣松蘭

　　如果說黃松蘭是松蘭在低海拔的代表種，那麼台灣松蘭就是該屬在中海拔的代表種。台灣松蘭的分佈範圍廣，北從台北烏來到南部高雄多納，東由宜蘭棲蘭向南至台東都有，而以中部南投、嘉義一帶密度較高。它的垂直分佈也很大，由低海拔上層700公尺至高海拔下限2500公尺都有記錄，但以中海拔1100公尺至2100公尺的族群繁衍最盛，為中海拔雲霧帶森林中下層陰溼環境的優勢蘭種，多次目睹其在原始林和人造柳杉林內層層疊疊爬滿樹幹和枝條，許多分支垂落半空中，秀髮般隨風飄曳。

　　本島產的松蘭被記錄的有九種，依其生長形態可約略分成三群，黃松蘭與合歡松蘭屬於一群，它們的莖短，葉互生密集排成二列，葉緣相疊，植株寬度通常大於或等於長度；第二群最多，有金松蘭、紅斑松蘭、何氏松蘭、寬唇松蘭和紅檜松蘭，莖細長，葉二列互生，排列稍為鬆散，植株長度大於寬度；另一群包括台灣松蘭

學名：*Gastrochilus formosanus*
英名：Centipede Orchid
別名：蜈蚣蘭
植株大小：10～80公分長
莖與葉子：匍匐莖細長，葉子二列互生，葉片橢圓至長橢圓形，長1.5～3公分，寬0.5～0.6公分，肉質。
花期：花期不定，冬季為主。
花序及花朵：花莖自莖的節上長出，長1.5～3公分，著花2至3朵，花徑1.3～1.5公分，花朵黃綠或綠色，唇瓣白色微泛綠暈，零星散佈紫斑。
生態環境：中海拔原始林或人造林樹幹或下層枝條附生，喜涼爽潮溼、通風良好且有遮蔭的環境。
分佈範圍：台灣全島普遍分佈，分佈海拔高度700～2500公尺，中海拔居多。

和緣毛松蘭，它們的特色是莖呈匍匐狀無限延伸，分支很多，節上長根，在大叢之中，很難判定到底是單株，還是多株集成，因為這樣的特性，可以用分節的方式繁殖，只要截取一段帶有根系的分支，固定於板上，置於涼爽且空氣溼度高的環境，植株便會繼續成長，沿著板面匍匐前進。由於台灣松蘭的莖很長，葉子呈短胖的橢圓形，單獨一段看起來有點像百足之蟲，因此有些趣味者把它叫作「蜈蚣蘭」。

松蘭的花都不大，台灣松蘭也不例外，花朵是屬於小巧可愛型的。短短的花莖由節上長出，肉質的花通常成雙。唇瓣很特別，是囊袋狀的，因此早期的文獻稱它「台灣囊唇蘭」。花是黃綠色的，有少數偏綠，唇瓣以白色為主，全花零星散佈紫色噴點。它的花期不固定，但以冬季開花的佔多數，花朵相當耐久，一般持續約一個月，但曾有單一花朵開了兩個月之久。

167

紅斑松蘭

紅斑松蘭的葉子、花朵和蒴果上面長滿了細小的斑點，有褐、紅、紫紅，還有暗的紫色。小巧苗條的株身，最大的也不過10公分，它的特點就是多斑，葉面和葉背都佈滿了褐色或紫色的小斑點，連包住莖部的葉鞘上也是斑點叢生。

在松蘭家族裡頭，就屬低海拔的黃松蘭和中海拔的台灣松蘭較有機會在野地遇見。紅斑松蘭也不多，但偶爾能在中海拔森林裡看到，曾於南投梅峰海拔2100公尺的原始闊葉林內，發現紅斑松蘭和台灣松蘭、連珠絨蘭共同長在一棵巨木的樹幹低處，近樹冠的斜枝生了數叢白石斛以及零星的鹿角蘭、綠花寶石蘭，其樹頭周圍的腐葉堆還有為數不少的尾唇根節蘭，此現象點出了一個合理的推論，一般紅斑松蘭存在的環境，非常適合附生蘭的生長，往往可以同時發現許多蘭科植物。

紅斑松蘭的花朵主要集中在莖的前段，當花季來臨，幾支花莖由相鄰的節露出，每一花莖通常開兩朵，但多支莖同時綻開可形成花團。花的唇瓣像囊袋，唇瓣舷部呈小舌頭狀，其寬度窄於囊袋的寬度，為它的辨認特徵。

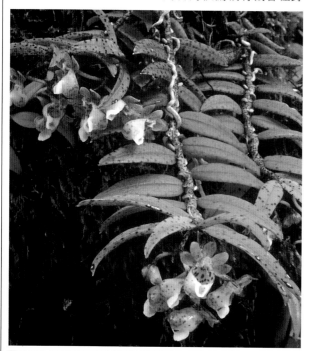

學名：*Gastrochilus fuscopunctatus*
英名：Red-spotted Pine Orchid
別名：斑松蘭
植株大小：4～10公分長
莖與葉子：莖長2～9公分，葉子二列互生，葉片長橢圓形、線狀長橢圓形或橢圓狀倒卵形，長1.5～2.2公分，寬0.3～0.6公分，肉質，葉鞘葉背佈褐斑或紫斑，葉面較少。
花期：冬末、春季至仲夏
花序及花朵：花莖長1～2公分，著花2朵，花徑0.6～1.2公分，花朵黃綠或淡綠色，唇瓣白底泛淺綠，有一扁圓狀囊袋，內面佈紅、紫紅或紫色細斑。
生態環境：中海拔林內樹幹或下層枝條附生，喜涼爽潮溼、通風良好且有遮蔭的環境。
分佈範圍：台灣本島零星分佈，產地包括台北烏來、桃園拉拉山、復興尖山、宜蘭明池、思源、花蓮清水山、台中鳶嘴山、南投溪頭、北東眼山、梅峰、台東大埔山以及屏東。分佈海拔高度500～2500公尺，以海拔1200～2100公尺居多。

香蘭

常到花市去逛的人會覺得，擺在蘭攤的可愛迷你蘭──香蘭，什麼季節都有花在開花，長得這麼小巧，卻有精力不停地開花，實在不可多得。它的株身僅有3至5公分，花期不定，只要是健康植株，全年都有花莖抽出，隨時準備開花。花朵1.5至2公分，相對於迷你植株並不算小，花黃色唇瓣有臉型的紫色大斑，相當討喜，夜間會散發柔柔香氣。就是因為它具備這麼多討人喜歡的特質，一直是花市中的熱門賣點。不僅台灣人喜歡，也普遍受到國外迷你蘭愛好者的的青睞，每年有為數不少的成株和瓶苗，外銷到歐美及日本各地。

本種在分類上隸屬於香蘭屬，該屬只有香蘭一種，且僅產於台灣，是道地的本土特有植物，下次如果要選台灣的國花，香蘭必然是首選之一。

香蘭分佈於台灣全島的低、中海拔森林，由北至南皆有零星發現，過去族群頗盛，然由於原始林大量砍伐，盛況已不復見。不過，在某些人為干擾少的密林裡，仍有大的族群存在。台灣香蘭對於其附著的樹種並無特別要求，舉凡闊葉樹、針葉樹，或者甚至矮小的灌木，它都不太挑剔。但對於環境條件頗為在意，它喜歡潮溼陰涼的地方，常見其附生於溪邊樹木枝條上，接受涼風與溼氣的滋潤。

學名：*Haraella retrocalla*
異名：*Haraella rodorata*
英名：Taiwan Fragrant Orchid
別名：台灣香蘭、牛角蘭
植株大小：3～8公分高
莖與葉子：莖長1～3公分，葉二列互生，5至7枚密集生於短莖上，葉片鐮刀形，長4～8公分，寬0.5～1.5公分，革質。
花期：不定期開花，野地植株開花以9、10月較多。
花序及花朵：花莖自莖基部葉腋抽出，每株生1至5支花莖，呈扭曲狀，長4～8公分，著花1至4朵，每次開1朵，花徑1.5～2公分，花初開白黃或黃綠色，然後轉黃，唇瓣密生短絨毛，中裂上有一臉狀紫紅或紫褐色大塊斑，淡香。
生態環境：原始闊葉林、針葉林、灌木主幹或枝條附生，喜陰溼、通風的環境。
分佈範圍：台灣全島低、中海拔山區。產地包括台北烏來、福山、哈盆、坪林、宜蘭棲蘭、明池、桃園小烏來、復興尖山、苗栗馬納邦山、花蓮壽豐、南投溪頭、嘉義奮起湖、高雄多納、扇平、藤枝、屏東里龍山、台東大埔山。分佈海拔300～1500公尺。

騎士蘭

　　騎士蘭這個家族都是迷你型的蘭種，成員不多，只有7種，分佈區域由中國向東經台灣至菲律賓，向南經印尼、馬來西亞至新幾內亞。台灣產2種：小騎士蘭與密花小騎士蘭，兩者皆難得被發現，或許植株太小是因素之一。

　　小騎士蘭模樣像一小截的莪白蘭，過去曾被列入莪白蘭屬裡。它的根莖發

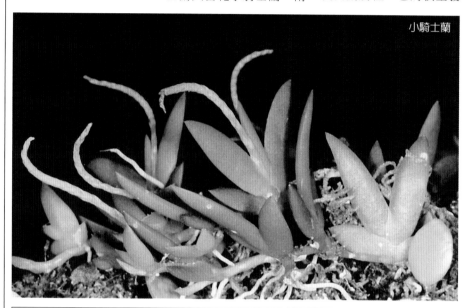

小騎士蘭

小騎士蘭的形態描述

學名：*Hippeophyllum pumilum*

英名：Little Hippeophyllum

植株大小：2～4公分高

莖與葉子：根莖長3～30公分，上被管狀葉鞘，每間隔1～2.5公分生莖，莖長約1公分，寬約0.8公分，葉3至5枚疊抱對生，葉片側扁，披針形，長1～2.5公分，寬0.3～0.8公分，肉質。

花期：春季

花序及花朵：花莖自莖頂葉間抽出，長3～6公分，略鬆散生數十朵細小花朵，花徑0.12～0.15公分，花淡綠或淡褐綠色。

生態環境：原始闊葉林樹木枝幹附生，喜潮溼、通風而午間透光可及的環境。

分佈範圍：台灣本島中海拔山區零星散佈，分佈海拔高度800～1600公尺。

密花小騎士蘭的形態描述

學名：*Hippeophyllum seidenfadenii*

英名：Dense-flowered Little Hippeophyllum

植株大小：2～3.5公分高

莖與葉子：根莖長2～18公分，表面幾乎完全為鱗狀葉鞘所包覆，每間隔0.6～1.5公分生莖，葉3至5枚疊抱對生，葉片側扁，卵形，長0.8～1.5公分，寬0.4～0.7公分，肉質。

花期：夏季

花序及花朵：花莖自莖頂葉間抽出，長1.5～2.5公分，密生數十朵細微小花，花徑0.12～0.15公分，花綠色，有的微帶紫暈。

生態環境：原始闊葉林樹幹附生，喜潮溼、半透光的環境。

分佈範圍：台灣本島低、中海拔山區零星散佈，分佈海拔高度700～1500公尺。

達，外被管狀葉鞘，植株藉根莖串聯成排，根莖會分支，生長多年的大簇常多排相連爲長片狀貼附在枝幹表皮，在花蓮秀林鄉海拔1000公尺的闊葉林裡就曾發現長度約30公分的大簇小騎士蘭附生於近樹冠枝條上。

密花小騎士蘭是新發現的台灣特有種，1999年由台灣大學蘇鴻傑教授正式發表。張姓蘭友於2001年7月在桃園復興鄉北橫公路旁楠樹上發現它，當時正值盛開，數不盡的花穗點綴於綠叢間，因而暴露了身影。它與小騎士蘭最明顯的歧異是在花莖，它的花莖較短，花序中段變粗，兩邊較細（小騎士蘭的花序粗細沒有明顯變化），花排列密集。

密花小騎士蘭

密花小騎士蘭

撬唇蘭

本種在分類上屬於撬唇蘭屬（槽舌蘭屬），這個屬有8種，共同的特徵為具有針狀葉子，一般為中、大型植株，有的種類葉子可長到60公分。台灣僅產撬唇蘭這一種，它在該屬中算是體型較小的，普通植株約10餘公分。

葉子形狀長得像松針的附生蘭在台灣有二種，除了撬唇蘭之外，另一種是植株迷你的鹿角蘭，這兩種皆為台灣的特有植物。

撬唇蘭這個名字過去很少被使用，一般人頗為生疏，但2000年版『台灣植物誌』採用此名，為便於一致而沿用之。它廣為人熟悉的名字是「松葉蘭」，此一名稱看了便知，是在描述具有特色的松針狀葉子，顯然較為貼切。

撬唇蘭過去在中海拔及高海拔下層的原始林產量頗盛，喜與地衣、苔蘚為伍，在那冷涼潮溼的環境，繁衍極速，常見聚生成大叢附著於樹幹上層。惟其生育地為台灣林業砍伐最多的地帶，族群隨原始林的消失而銳減，目前僅在零星保留的原始林中才能見到。

撬唇蘭的根系發達，根粗又長，沿著樹幹表皮向四方擴散，使植株能牢牢固著在樹上，在野外有時是因為先注意到灰白發亮的根，然後才發現它的存在。花朵不算小，寬約3公分，唇瓣基部的長距是它的特徵之一。幾朵白而帶粉的花隨性地排列於微彎的花莖上，搭配草綠色的針葉，即突出又有美感。又撬唇蘭性喜叢生，常一、二十株根系糾纏在一起，形成一大叢，花季來臨時，十幾支花莖同時開花，數十朵花滿佈葉叢間，相當美觀，為極具觀賞價值的台灣野生蘭。

學名：*Holcoglossum quasipinifolium*
英名：Pine Leaf Orchid
別名：松葉蘭、松針蘭
植株大小：8～16公分高
莖與葉子：莖長2～5公分，葉二列互生，8至10枚密集生於莖上，呈扇狀展開，葉片針狀，長7～16公分，寬約0.3公分，肉質，綠色，根粗，徑約0.3公分。
花期：2月至4月
花序及花朵：花莖自莖基側老葉鞘中抽出，長5～12公分，綠色帶紫斑，著花2至5朵，花徑約3公分，花朵白色，微帶粉紅斑紋，唇瓣基部有長距。
生態環境：原始闊葉林或針葉林樹木枝幹附生，喜潮溼、遮蔭或半透光的環境。
分佈範圍：台灣主要分佈於中央山脈山區，以新竹、台中、南投、嘉義及台東較多。產地包括宜蘭多加屯山、思源、新竹司馬庫斯、觀霧、台中大雪山、雞鳴山、鞍馬山、南投沙里仙、梅峰、嘉義阿里山、台東大埔山、向陽。分佈海拔高度1600～2800公尺。

心葉羊耳蒜

心葉羊耳蒜是很有特色之野生蘭，因生有一片美麗的心形葉，而被取名為「心葉羊耳蒜」，野外看到了，一眼就能認得出來。植株構造很單純，一粒外被白色葉鞘的扁卵狀假球莖，頂生一枚心形的油亮綠葉，有的葉子表面帶有銀白色斑紋，光是植株本身就具有欣賞價值。

它的生理時鐘跟其他蘭科植物不同，一般休眠性的植物是在冬季天氣寒冷時進入休眠期，心葉羊耳蒜與眾不同，它是夏眠植物，春季新的假球莖成熟時，葉子即枯萎脫落，老球莖不久也跟著萎縮消失，夏季來臨時僅留新長成的假球莖進入休眠狀態。

入秋天氣轉涼時假球莖側萌芽，此時是心葉羊耳蒜的生長期，花莖與新芽同時成長，秋末新葉近成熟時也是它開花的時候到了，當第一朵花開出時，通常是在10月底至11月初，單一花莖由假球莖頂葉鞘間挺直抽出，通常比植株高些，其顏色與花色近似，總狀花序著花10至40朵，一般而言植株愈大花數愈多，花朵自花序基部開起，初時一次綻放2、

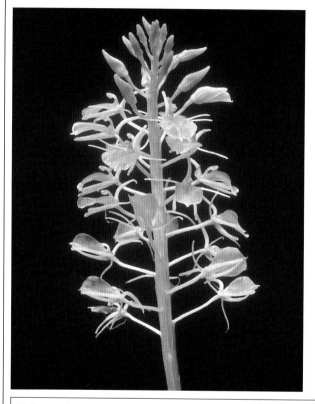

學名：*Liparis cordifolia*

英名：Silver Cricket Orchid

別名：銀鈴蟲蘭、溪頭羊耳蘭

植株大小：4～15公分高

莖與葉子：假球莖扁卵狀，長1.5～3.5公分，徑1～2.3公分，綠色，老球莖被乾枯白色葉鞘所包覆，葉單一，卵狀心形，長5～20公分，寬4～10公分，葉表亮綠色，有的帶銀白色斑紋，葉背灰綠色，柔軟肉質。

花期：中秋至冬初

花序及花朵：花莖自莖頂新葉中抽出，近直立，長7～15公分，總狀花序著花10至40朵，花徑1.8～2.1公分，透明綠色。

生態環境：原始闊葉林、人造柳杉林或竹林地生、石生或氣生，喜陰濕、苔蘚叢生的環境。

分佈範圍：台灣全島低、中海拔零星分佈，以中部數量較多。分佈海拔高度250～2000公尺。

3朵，全盛時則能有10餘朵花同時展開。花朵的尺寸在本土的羊耳蒜裡頭屬於中上，花徑2公分左右，顏色為如翠玉般之透明綠色，極為雅致。

本種分佈範圍頗廣，北由台北陽明山、石碇、烏來、坪林，東自宜蘭南澳、花蓮和平、瑞穗林道，中經南投溪頭、嘉義奮起湖、阿里山，南至高雄梅蘭林道、屏東里龍山，都或多或少有族群繁衍著，而中部南投、嘉義一帶密度最高，為心葉羊耳蒜的大本營。它的垂直分佈也很可觀，在台北烏來，它生長在海拔僅250公尺之原始闊葉林岩壁和坡地上，而於嘉義阿里山，則長在海拔2000公尺之竹林內石頭上及林床間。它不僅由低海拔下層繁衍至中海拔上層，且能地生、枯倒木生、石生以及樹幹生，其適應力之強可見一斑。

心葉羊耳蒜不僅為觀賞植物，而且可供藥用，昔日有中藥商和出口商大量收購，以致中部大產地數以百計的景致如今已不復見，惟由北到南發現的地方仍多，有些地點數十至近百的族群仍然可見。

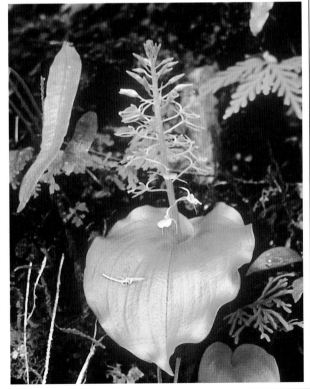

小花羊耳蒜

小花羊耳蒜是小型的羊耳蒜，由北到南都有發現紀錄，但看到的次數並不頻繁，或許是因植株外形像縮小的長葉羊耳蒜而被忽略；小花羊耳蒜每一假球莖頂生一片葉子，長葉羊耳蒜每一假球莖頂生兩片葉子，兩者的花形和花色也有幾分相像，不過本種的花朵較小。

曾在野外見過它兩次，一次是在桃園小烏來海拔800公尺的原始闊葉林內岩壁上，該岩壁爬滿了黃萼捲瓣蘭，下方離地約半公尺處則有一小叢小花羊耳蒜。另一次是在新竹竹東海拔1500公尺的闊葉林內陡坡，它與二裂唇莪白蘭一起附生在樹幹近地處，旁邊的樹上長著白石斛及新竹石斛，坡地上則有多叢翹距根節蘭。

另外，在北部烏來山區海拔450公尺溪邊大樹樹幹上附生著一種迷你型的羊耳蒜，植株高在5至6公分之間，假球莖卵錐狀，長0.6～0.8公分，頂生一枚線狀披針形葉子，葉片長4至5公分，植株比小花羊耳蒜還小得多。它的花朵更小，花徑僅約0.25公分，花黃綠色，在夏天開，盛開期為8月中旬。查遍書籍刊物，都未見有此種羊耳蒜的描述，極有可能是台灣的新種或新記錄種，我們暫且非正式地稱它為「小小羊耳蒜」。

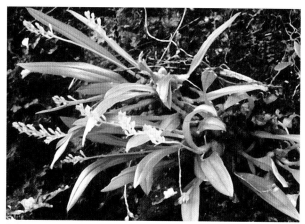

「小小羊耳蒜」極有可能是台灣的新種或新記錄種。

學名：*Liparis cespitosa*
英名：Little Flower Liparis
植株大小：10～15公分高
莖與葉子：假球莖密集叢生，斜生球狀，長1～1.5公分，葉子單一，葉片線形或倒披針狀線形，長10～15公分，寬約1公分，草綠色，薄紙質。
花期：秋季

花序及花朵：花莖自莖頂新葉間抽出，直立或微弓狀，長8～10公分，總狀花序著花5至15朵，花徑0.8～0.9公分，微透明之黃綠色，有的帶橘色。
生態環境：原始闊葉林樹幹低處或岩壁上，喜涼爽潮濕、午後半透光的環境
分佈範圍：全島低海拔上層至中海拔中層零星分佈。分佈海拔高度700～1500公尺。

長穗羊耳蒜

長穗羊耳蒜是可愛的小型地生蘭，族群數量稀少，生育地遠離人煙，若不是因緣際會，實在很難見其真面目，僅知在宜蘭南湖大山、台中思源及南投瑞岩溪等之中海拔林緣零星散佈著。長穗羊耳蒜性喜冷涼潮濕的氣候，其生育地位於中海拔上層之雲林野地，垂直分佈最高達到海拔2000公尺。

長穗羊耳蒜具有卵狀假球莖，經常幾球聚生相連，老球莖表面被覆殘餘灰白葉鞘，外觀與心葉羊耳蒜（銀鈴蟲蘭）及尾唇羊耳蒜（紫鈴蟲蘭）的假球莖有幾分相似，莖頂兩枚葉子對生，葉片形狀為卵形或者是長橢圓形，基部窄縮成柄，質地為帶光澤之厚紙質。

花期在四、五月間，花莖與新葉共同成長，當新葉半熟時開花，花莖長和所攜花數多寡視植株大小而定。它的花瓣下垂，線形如絲，當值盛開時10至30朵花同時綻放，視覺上好像花瓣絲絲相連形成幾條長穗帶，狀極優美，因此而被取名長穗羊耳蒜。

學名：*Liparis japonica*
英名：Long Filiform Liparis
植株大小：13～23公分高
莖與葉子：假球莖倒卵狀，長1.8～3公分，徑1.5～2.5公分，葉子2枚對生，葉片卵形或長橢圓形，長6～13公分，寬4～6公分，綠色，葉柄長5～9公分。
花期：春季

花序及花朵：花莖自莖頂新葉間抽出，直立，長5～20公分，總狀花序著花10至50朵，花徑1.6～2公分，微透明之淺綠色，唇瓣泛紫暈。
生態環境：原始林、針葉林地生，喜冷涼潮濕的環境。
分佈範圍：台灣本島東部、北部及中部中海拔零星散佈。分佈海拔1600～2000公尺。

長葉羊耳蒜

低至中海拔山區林下潮溼的岩石或土石陡坡，常見長葉羊耳蒜成排成列攀附於壁面，有時還能見到整片茂盛生長的景象，在台北烏來海拔250公尺瀑布旁岩壁、宜蘭棲蘭海拔700公尺山路邊土石坡、花蓮瑞穗林道海拔1100公尺原始闊葉林大石頭及樹頭、新竹清泉海拔1100公尺密林內大石壁，還有嘉義奮起湖海拔1400公尺垂直岩壁及其上頭樹幹低處等地方，都有大量族群滿佈的盛況可以欣賞。

長葉羊耳蒜的習性善於隨遇而安，尤其喜歡岩壁上的環境，發現它的地點，幾乎總有或多或少植株是長在岩壁或大石頭上，加以其假球莖為歪卵狀，有幾分像鵝卵石，因此它有一個廣為人知的別名叫「虎頭石」。

長葉羊耳蒜在秋冬冷涼季節開花，各地植株隨產區微氣候、南北緯度及海拔高低，有的早些，有的較遲，像花蓮龍澗海拔1000公尺的植株在9月初就開滿一地，在台北烏來內洞海拔250公尺的植株係於12月初開花，於月底達到全盛，而在宜蘭棲蘭海拔700公尺的植株則在元月初有部份綻放，大半植株尚在抽花梗階段。

學名：*Liparis nakaharai*
異名：*Liparis distans*
英名：Long Leaf Liparis
別名：虎頭石
植株大小：15～38公分高
莖與葉子：假球莖一端接著另一假球莖的一端串連成排，歪卵狀，長2～3.5公分，徑1.5～2公分，面向生長方向的一側頂端生出2枚對生的葉子，葉片細長，線狀倒披針形，長15～40公分，寬1.5～3公分，深綠色，帶光澤，葉軟革質。
花期：秋季至冬季

花序及花朵：花莖自莖頂新葉間抽出，直立，長20～45公分，著花15至30朵，花徑1.5～2.2公分，花初開淺草綠色，而後逐漸轉黃。
生態環境：山區原始闊葉林、針葉林樹幹、瀑布或山溪旁岩壁、林內岩壁或土石壁、山路旁陡坡附生或半地生，喜潮濕、蔭蔽或半透光的環境。
分佈範圍：台灣全島低、中海拔山區尚稱普遍。分佈海拔高度250～2600公尺，以海拔700～1200公尺最多。

台灣金釵蘭

　　台灣金釵蘭又名大萼金釵蘭，因為兩枚側萼片特別大之故，不過它給人留下深刻印象並不是因為側萼片大，而是那花朵散發出的臭肉砧味。這種異味跟菲律賓產的一種大型豆蘭花朵釋出的味道很像，那種豆蘭的花特大，花長達30公分，顏色也很討好，只可惜花開時那股異味會吸引逐臭的蒼蠅前來聚會，很多前來賞花者，總被它的味道和整群的蒼蠅逼退，實在很掃興。而我們的台灣金釵蘭恐怕也難逃這種命運，它的花也很美，可是那體臭卻是揮不去的陰影，落得只能遠觀而不敢趨近它。

　　台灣金釵蘭為台灣的特有植物，主要分佈於中、南部中海拔雲霧帶原始林當中，屬於中大型氣生蘭，因長相如樹上的枯枝有擬態效果，有時注意到了也不知道它是蘭花。

　　台灣金釵蘭與金釵蘭長得很像，且產區及垂直分佈都有重疊，在野外見到沒有開花的植物體實在很難辨別。但是如果只是略作初步判斷，倒是有幾點特徵可供比較：台灣金釵蘭的植株一般較大，且莖葉都粗些，莖基部下垂末端上仰而形成彎曲狀；金釵蘭也有特大植株，但通常長得較小些，20至40公分大小的植株佔多數，莖葉稍細，植物體有直立也有彎曲，彎曲的植株通常幅度稍小。

學名：*Luisia megasepala*
英名：Taiwan Luisia
別名：大萼金釵蘭
植株大小：40～50公分高
莖與葉子：莖圓柱狀，基部下傾而前半段上仰，長30～50公分，徑0.4～0.5公分，成簇叢生，多分叉，葉子圓柱狀，末端變細，筆直或彎曲，長5～10公分，徑0.35～0.4公分，綠色，肉質。
花期：冬末至春季

花序及花朵：花莖由莖節抽出，很短，長1公分左右，著花2至3朵，花徑2～2.5公分，花裂綠色或黃綠色，邊緣微帶紫紅色，唇瓣暗紫色。
生態環境：原始闊葉林樹幹或粗枝附生，生長於空氣溼度高、半透光或陽光充足的環境。
分佈範圍：台灣本島低、中海拔零星分佈，中、南部發現較多。分佈海拔高度500～2000公尺，以1000～1500公尺較多。

南湖山蘭

南湖山蘭是中海拔山區陰濕林床罕見的地生蘭，因1933年日籍學者在南湖大山首次採得，於是以發現地而取名為「南湖山蘭」。在野外看到的次數極少，尤其是沒有開花的時候，兩枚線形葉的樣子像蔥葉，不像一般人所認知的蘭花模樣，即使存在於林間，也不容易被注意到。

唯一遇到它的機緣係在2000年5月中旬，在宜蘭大同鄉近思源海拔1700公尺苔蘚繁盛的美麗原始闊葉林裡，碰巧恭逢其花兒盛開，直挺挺的花莖上十幾朵小白花正在綻放，因而顯露了行蹤，當時看到它的葉子還疑惑了一會兒，實在是過去未曾見過這種蘭花的植株。

南湖山蘭在分類上隸屬於山蘭屬，該屬約有10種，分佈範圍由喜馬拉雅山向西南經中國至日本，台灣產4種，都生長於中、高海拔山區，分別為雙板山蘭、密花山蘭、細花山蘭以及本種。

學名：*Oreorchis micrantha*
異名：*Oreorchis ohwii*
英名：Nanhu Mountain Orchid
植株大小：20～30公分高
莖與葉子：假球莖近球狀，頂生2葉，偶生1葉，葉片線形，長20～35公分，寬0.8～1公分，紙質，細長柔軟而彎成弓狀。
花期：春末至夏初

花序及花朵：花莖自莖頂側抽出，直立，長20～40公分，總狀花序著花13～20朵，花小，花徑約1.2～1.4公分，花朵白色，唇瓣中裂點綴紫色斑紋。
生態環境：原始闊葉林內陰濕林床地生，喜冷涼陰濕、通風好的環境。
分佈範圍：台灣北部及東部中海拔山區零星分佈，分佈海拔高度1500～2500公尺。

細莖鶴頂蘭

細莖鶴頂蘭多半生長於高雄、屏東、台東一帶的原始闊葉林裡，為鶴頂蘭在南部的代表種。雖然在台北烏來、宜蘭南澳、南投竹山等地也有出現，但數量相對而言少得多。

細莖鶴頂蘭沒有假球莖，挺直高挑的莖基部相連，聚生成簇，這就是它的模樣。它是大型的地生蘭，普通的植株高度在60至80公分之間，但最大的植株能長到130公分，幾乎達人的胸部般高。

它的莖葉長相跟粗莖鶴頂蘭和黃鶴頂蘭十分相似，在野外，植株下部常為雜草、蕨類之類的東西所掩蓋，如果不留意，有時會認錯。因此，遇到類似植物，最好先觀察植株的基部。粗莖鶴頂蘭的莖長在棒狀的假球莖上面，黃鶴蘭的莖則生於卵錐狀假球莖上頭，而細莖鶴頂蘭無假球莖，莖是細長圓柱狀。

然而，另有兩種大型的地生蘭──綠花肖頭蕊蘭和白花肖頭蕊蘭，它們同樣沒有假球莖，也是莖細長形的，如果不開花，光從植株外觀，實在不易區分。一般來講，細莖鶴頂蘭的莖較挺，葉片深綠色且有光澤。而綠花肖頭蕊蘭和白花肖頭蕊蘭這兩種的植株常呈傾斜姿態，莖部上半段有的會微彎，葉片較薄，呈青綠色，但無光澤。

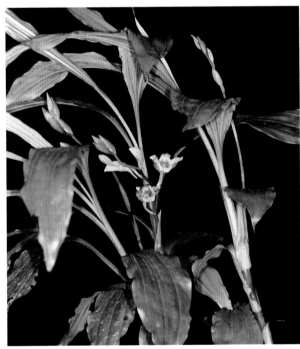

學名：*Phaius mishmensis*
英名：Slender-stemmed Crane Orchid
別名：細距鶴頂蘭
植株大小：60～130公分高
莖與葉子：無假球莖，莖頗長，長50～100公分，徑0.7～1公分，葉子4至7枚，長橢圓形，紙質，長20～30公分，寬5～8公分。

花期：秋末至冬初
花序及花朵：花莖自莖中段的節抽出，，長35～40公分，總狀花序，著花4至8朵，花徑約5～6公分，花粉紅色。
生態環境：闊葉林地生，喜陰濕環境。
分佈範圍：北部及中部少，主要產地在南部。分佈海拔高度500～1500公尺。

黃鶴頂蘭

在中海拔闊葉林間穿梭，常有機會遇到黃鶴頂蘭散佈於陰溼的斜坡上。它的目標大，所以頗爲易見，莖長而直，通常有50至60公分長，常呈45度角，傾向光線較亮的一方，上面幾片葉子呈兩排交互生於莖的兩邊。葉子挺大的，長度在35至50公分之間，少數植株葉面上帶黃色斑點，頗有觀葉植物的味道。

在新竹五峰鄉過清泉檢查哨往觀霧途中，於海拔1000公尺有片陰濕闊葉林，那裡生長著大量的黃鶴頂蘭，其中有一叢體型大得驚人，假球莖連同莖葉竟長達一公尺半，若不留神，還以爲是大型的月桃呢！

黃鶴頂蘭的假球莖是卵錐狀的，拿起來挺有份量的感覺，常一粒緊靠著一粒連成一長串。它的莖葉爲一年生，會枯萎脫落，

學名：*Phaius flavus*
英名：Yellow Crane Orchid
別名：黃鶴蘭
植株大小：50～100公分高
莖與葉子：假球莖密接，通常排成一列，卵錐狀，稍有稜角，長4～10公分，徑3～6公分，暗綠色，帶光澤，葉子4至6枚，長橢圓形或倒狀披針形，長20～60公分，寬5～12公分，紙質，綠色或深綠色，有光澤。
花期：春季，以4、5月居多。

花序及花朵：花莖自假球莖側面抽出，粗壯，長30～60公分，著花6至15朵，花徑約5～6公分，花鮮黃或白黃色，唇瓣內側佈紅褐或紅色縱向脈紋。
生態環境：原始闊葉林或人造針葉林內坡地或岩石上生，喜陰濕陰涼的環境。
分佈範圍：台灣全島低、中海拔山區尚稱普遍。分佈海拔高度100～2000公尺，以海拔1000～1200公尺較常見。

因此整排假球莖當中，往往末段的假球莖才會有莖葉在上頭，其餘多數是光禿的老球莖。老球莖能存活數年，如欲加快繁殖速度，可把老球莖二至三球為一單位予以分離，個別栽植，分開的老球莖來年便會生出側芽。

黃鶴頂蘭的名字由來自然與其黃色的花朵有關，常見的花朵顏色偏淡，呈白黃色，或是檸檬黃，有少數個體開鮮黃的花朵，看起來相當醒目。花的唇瓣是管狀的，末端略微下彎（跟紅鶴頂蘭的喇叭形不一樣），裡面有幾條紅色條紋，唇瓣開口小小的，而且皺皺的，上面帶紅色，有點像嘴唇上塗了紅色口紅。

烏來石仙桃

烏來石仙桃是喜歡熱鬧的小型附生蘭,過著群居生活,根莖十分發達,又很會分支,常沿著樹皮表面匍匐延伸,縱橫交錯聚生成群,成片附著於枝幹,在未受干擾的林相裡,因繁衍已久,有的樹上的烏來石仙桃會盤繞整圈樹枝,相當可觀,在桃園復興鄉小烏來海拔800公尺的闊葉、新竹五峰鄉羅山林道海拔1100公尺的針闊葉混生林、溪頭海拔1100公尺的柳杉林……等地,只要多觀察,都有那樣可觀的景致可看。

烏來石仙桃在冬季開花,花莖於秋末至冬初由根莖末端形成,緩緩向上伸出,於年初的一至二月間綻放,綠色的纖細花莖因攜著二十朵左右的花兒,自然彎曲成拱門的姿態,頗具曲線之美,通常整個花序一次全開,花小小的,只有半公分寬度,偏好花大色豔的人士恐怕不會耐著性子看它,不過,喜愛欣賞小品迷你蘭的趣味者,不妨細細品味,它那蛋黃的唇瓣與透明白色的花裂互相襯托之下,美感自然呈現,所謂麻雀雖小,五臟俱全,花兒雖小,美色猶存。

學名:*Pholidota cantonensis*
異名:*Pholidota uraiensis*
英名:Stone Peach Orchid
植株大小:6~10公分高
莖與葉子:根莖匍匐,多分支,外被鱗片,假球莖間隔3~5公分,假球莖卵狀或長卵狀,長1~2公分,寬0.8~1公分,頂生二對生葉子,葉片線形,長5~9公分,寬0.7~1公分,軟革質,暗綠色。
花期:冬季,主要集中在1、2月。
花序及花朵:花莖自根莖前端抽出,因細軟而呈弓狀姿態,長5~8公分,花3至10朵排成二列,花徑0.4~0.5公分,花朵透明白色,唇瓣鮮黃色。
生態環境:山區闊葉林、針葉林大樹主幹或枝條附生,有的長在灌木枝條或岩石上,喜潮溼、蔭蔽或半透光的環境。
分佈範圍:台灣本島中北部低、中海拔分佈。產地包括台北大桶山、烏來、拔刀爾山、北插天山、宜蘭神秘湖、白嶺、桃園小烏來、上宇內、達觀山、新竹李棟山、五指山、羅山林道、台中大雪山、南投清水溝溪頭、梅峰。分佈海拔高度500~1500公尺。

台灣一葉蘭

台灣一葉蘭在國內外早有盛名，有人讚美它為「亞洲嘉德麗亞蘭」，也有人稱許它為「台灣鬱金香」，它的花朵達10公分大，身披粉紅色系的高雅色澤，唇瓣半捲為喇叭的形狀，頗有嘉德麗亞蘭的氣質，即使是假球莖渾圓飽滿的模樣，看了也會愛不釋手。

也因為台灣一葉蘭美得出眾，在野地遇見其生於仙境般的苔蘚岩壁上，能壓抑住那份想要擁有美麗事物的心，而不去摘取它的，畢竟只是少數，再加上它所棲身的中海拔雲林，是台灣伐木最盛的地帶，過去廣泛分佈於台灣北半部中央山脈各山頭的盛景已不復見。

不過因為台灣一葉蘭的繁殖力強，能由假球莖側生出新球莖，或自假球莖頂長出小球莖，行無性繁殖，也能開花結果，靠種子散播。雖然目前已經從過去常見的山區消逝殆盡，但在深山密林斷崖絕

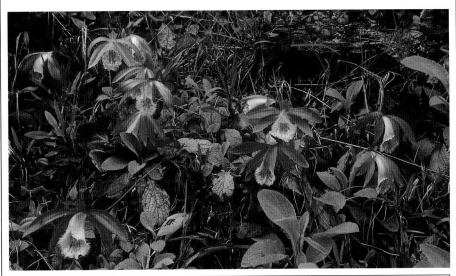

學名：*Pleione formosana*
異名：*Pleione bulbocodioides*
英名：Windowsill Orchid
別名：獨蒜蘭、窗台蘭
植株大小：18～30公分高
莖與葉子：假球莖長卵狀、卵狀至圓錐狀，長1.4～6公分，徑1.4～3.9公分，青綠色、墨綠色、紫色、暗紫褐色或雙色，頂生一葉，葉片倒披針形，長15～30公分，寬3～6，紙質，葉面呈縱向波浪板式皺褶，綠色。
花期：冬末至春季，3、4月盛開。
花序及花朵：花莖自假球莖上側面抽出，長10～20公分，著花1朵，偶生2朵，花朵大且全開，花徑8至11公分，顏色多樣，白色、粉紅色、紫粉紅色、淺紫至淺紫粉紅色都有，唇瓣喇叭狀，帶黃斑、褐斑或紅斑。
生態環境：常綠闊葉林、紅檜林邊緣或外圍坡地生、岩壁生或樹上附生，少數生於竹林，喜冷涼潮濕、半透光的環境。
分佈範圍：台灣本島北回歸線以北之中央山脈中、高海拔居多，不過有零星分佈在高雄茂林、台東天池、屏東鬼湖等地，分佈於海拔高度700～2500公尺。

壁等人們不易到達的地方，仍然保有大量的族群，除了常提及的嘉義阿里山一葉蘭保護區，還有台北北插天山、桃園拉拉山、宜蘭棲蘭山、鴛鴦湖、花蓮清水山、木瓜山、太魯閣、苗栗鹿場大山、台中大雪山、鞍馬山、南投瑞岩溪生態保護區、梅峰、嘉義阿里山、南投、鳳凰山、屏東鬼湖及台東大武山……等，都還有台灣一葉蘭存在，有些地區族群數以千計，相當可觀。

可喜的是，台灣大學李哖教授主導的一葉蘭培育計劃，經多年育種繁殖，已有大量人工栽培的一葉蘭，能充份供應國內外需求，且栽培球的品質高，價格合理，野生植株已不再受蘭商青睞。未來如果山林不再繼續砍伐，棲地仍能保留下來，則台灣一

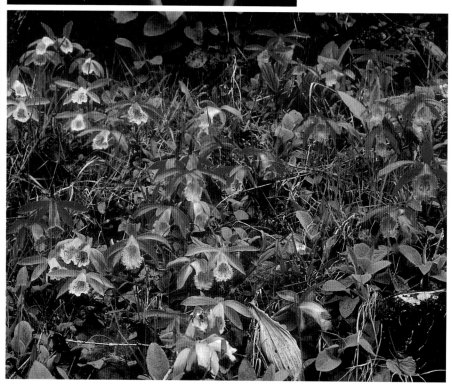

葉蘭並無消失的危機。

過去認為台灣一葉蘭是台灣的特有植物，惟多年前台灣蘭友在中國福建武夷山採集到的一葉蘭，經比對證實與台灣產的同屬一種，後來在浙江南部及江西東南部也有發現。

台灣僅產台灣一葉蘭一種，為一葉蘭分佈的最東線。在分類上，台灣一葉蘭屬於一葉蘭屬（獨蒜蘭屬），該屬有20餘種，分佈於尼泊爾、不丹、印度之喜馬拉雅山區、中國、中南半島的緬甸、泰國、寮國及越南，而中國是主產地，除了尼泊爾產的一種沒有之外，其他種類都可在中國發現，當地人認為其假球莖像蒜頭，所以稱之為獨蒜蘭。

一葉蘭在原產地幾乎都生長於中、高海拔森林，台灣一葉蘭也不例外，產地冬季會結霜或下雪，一葉蘭就是需要一段低溫期促進花芽分化成長，因此會下雪的日本、北美和歐洲喜愛栽培的人頗多，又加上台灣一葉蘭耐命好種，而成為愛蘭者的基本栽培品種，英國人喜歡在春天把盛開的一葉蘭擺在窗台欣賞，因此又稱它們為「窗台蘭」。不過在原產

地之一的台灣，因平地高溫無法越夏，冬季又不夠冷，並不適合一葉蘭生長，一般人多半於二、三月購買即將開花的栽培球回去賞花，花謝後丟棄，如鬱金香般當作消費花看待。

針葉林與針闊葉混生林裡的野生蘭

　　中海拔山區散佈著廣大的針葉林帶，位於台北、宜蘭、桃園、新竹交接地帶的棲蘭檜木林、南部的南橫檜谷，還有屏東鬼湖一帶的台灣杉林都是台灣有名的原始針葉林。不過，佔地較廣且容易到達的地區主要是人造針葉林地帶，例如宜蘭明池的柳杉林，新竹往觀霧沿線的各式人工針葉林，台中南投交界畢祿溪沿線的紅檜、紅豆杉林，溪頭的紅檜林，以及阿里山、杉林溪一帶的各種杉林。在這些針葉林裡可以發現許多氣生蘭及地生蘭，其中有些種類特別喜歡這種環境，常能見到大量族群生長在一起，例如阿里山豆蘭、鸛冠蘭、黃花捲瓣蘭（翠華捲瓣蘭）、白石斛、阿里山根節蘭、反捲根節蘭、溪頭風蘭、台灣黃唇蘭等。

　　在中海拔上層，由1800公尺至2300公尺的山區，為針葉林與闊葉林的交會地帶，這裡接近高海拔邊緣，環境趨於冷涼，有些高海拔下層的種類也會在這裡出現，不過附生蘭的種類愈往上變得愈少。

鸛冠蘭　P190

黃花捲瓣蘭　P191

阿里山豆蘭　P192

長葉根節蘭　P193

阿里山根節蘭　P194

反捲根節蘭　P196

黃唇蘭　P198

白石斛　P199

合歡松蘭　P200

紅檜松蘭　P201

銀線蓮　P202

新竹風蘭　P203

溪頭風蘭　P204

鸛冠蘭

鸛冠蘭是台灣的特有蘭科植物，喜愛中海拔雲霧帶涼爽潮溼的氣候，常聚集成一大片附生於苔蘚滋生的樹木主幹或橫枝上頭，生長環境從早上十點至下午三點可以接受到穿透樹冠而下的散射光。不過在海拔高些的地方，也有長在岩石上的鸛冠蘭，幾乎接受全時的日照，植株曬得偏黃，體型也顯得矮胖了點。

鸛冠蘭雖是五短身材，脖子倒蠻長的，由假球莖基側伸出的花莖，可抽長達14至27公分，頂端攜帶10來朵細長型的花，緊密地排列成傘形，這模樣讓富想像力的命名者聯想到鸛鳥頭頂的冠飾，於是有此命名。

鸛冠蘭有兩個姐妹種，一種是黃花捲瓣蘭，處於較低海拔，發現地常在500到1100公尺之間，植株和花朵外形相近，僅黃

花捲瓣蘭的葉子稍微拉長，花的二側萼片平整挺直，鸛冠蘭的二側萼片末段離生部份則稍向外翻。黃花捲瓣蘭花朵剛開時是淡綠色的，而後變成淡黃或金黃色。另一相近種是花蓮捲瓣蘭，植株和花朵都像是鸛冠蘭的縮小版，花長2.5～3.5公分，顏色為金黃色。

學名：*Bulbophyllum setaceum*
別名：梨山豆蘭
植株大小：3～5公分長
莖與葉子：匍匐根莖上間隔0.5～1公分生一卵球狀假球莖，長1～2.3公分，徑0.5～1.6公分，青綠色，頂生一葉，葉片橢圓形，長2.2～5.2公分，寬1.2～2.4公分，葉表深綠，葉背淺綠，厚革質。
花期：春季或夏季，由3月至8月，6、7月為盛開期。
花序及花朵：花莖自假球莖基部側面抽出，

細長而向上呈弓狀彎曲，長14～27公分，每花序著花9至17朵，繖狀花序，花長3.5～4.5公分，花朵初開為草綠色，花瓣和唇瓣帶點紅色，接著轉黃而後橘色，有的花謝前顏色加深變成橘紅色，上萼片和花瓣生白色緣毛。
生態環境：原始闊葉林或人工針葉林內樹木枝幹或岩石附生，喜涼爽潮溼、遮陰或半透光的環境。
分佈範圍：台灣本島中、北部中海拔山區零星分佈，分佈海拔高度900～2400公尺。

黃花捲瓣蘭

2000年7月下旬，兄弟二人組依例於週末天色微明之際動身出發，繼續已進行了年餘的田野尋蘭賞花假日遊，在宜蘭大同鄉海拔650公尺林緣杉木樹幹上首次看到綻放的黃花捲瓣蘭，花兒或許已近尾聲的關係，呈現了鮮豔又扭腰擺腿的姿態，這與它初開時清純的淡綠色，兩條側萼片筆直向前伸的端正模樣，截然不同風情。附近的樹上尚有背著蒴果的黃吊蘭和遲開的虎紋蘭；樹腰間一大叢鳳蘭，根系牢牢地緊抓住樹瘤；地上還有許多盛開的寶島羊耳蒜，一支接著一支的花莖，攜帶數也數不完的小紫紅花。接下去的旅程中，在海拔1100公尺霧林帶柳杉林內，為數較多的黃花捲瓣蘭和百合豆蘭、白石斛和平共處著，蘭陽之地，真是不虛此名。

黃花捲瓣蘭跟鶴冠蘭很像，兩種的假球莖都是卵球狀的，大小差不多，黃花捲瓣蘭的葉子較長，鶴冠蘭的葉子是橢圓形的。又黃花捲瓣蘭花朵初開時是淡綠色的，而後變成淡黃或金黃色，二側萼片平整挺直，而鶴冠蘭初開時是草綠色的，而後變成橘色或橘紅色，二側萼片末段離生部份稍向外翻，有點像外八字腿。除了台灣之外，中國南部及中南半島也產黃花捲瓣蘭。

學名：*Bulbophyllum pectenveneris*
異名：*Bulbophyllum flaviflorum*
英名：Yellow Flower Cirrhopetalum, Golden Comb Orchid
別名：翠華捲瓣蘭、金傘蘭
植株大小：4～7公分長
莖與葉子：匍匐根莖上間隔0.5～1公分生一卵球狀或卵錐狀假球莖，長1～2公分，徑0.8～1公分，表面生縐紋，綠色，頂生一葉，葉片長橢圓或線狀長橢圓形，長4～6公分，寬1～1.5公分，綠色，厚革質。

花期：春季或夏初，4至7月都有花朵綻放。
花序及花朵：花莖自假球莖基部側面抽出，細長而斜向上近直立，綠色或黃綠色，長7～10公分，每花序著花9至10朵，繖狀花序，花長3.5～4公分，花朵初開為綠色，接著轉黃綠，而後變淺黃色帶黃色脈紋，或金黃色帶綠色脈紋，上萼片和花瓣生細緣毛。
生態環境：原始林或人工針葉林內樹木枝幹附生，喜潮溼、半透光的環境。
分佈範圍：台灣全島零星分佈，而以中、南部較多，分佈海拔高度600～1100公尺。

阿里山豆蘭

阿里山豆蘭是台灣中海拔較常見的豆蘭屬蘭科植物，在台灣已知的21種豆蘭當中，它的植株大小算是中等的，不過花朵則是最大的，整體感覺大而飽滿，觀賞價值頗高。產於恆春半島的大花豆蘭，顏色十分豔麗，花也蠻大，長度4公分左右，只不過花徑約2.5公分，整體看來不如阿里山豆蘭大。

在桃園復興鄉發現的豆蘭，植物體和花朵都像阿里山豆蘭，但花色淡黃，唇瓣帶紅色，呈半開狀，它的花期也在阿里山豆蘭的範圍之內，究竟是地理變異型或為一新發現種，有待進一步研究。中國雲南產的阿里山豆蘭，在原產地叫作長足石豆蘭，底色為白綠色，但全花密佈紅色細斑，整體看來顏色偏紅，不像復興鄉產的豆蘭，紅色僅出現在唇瓣。還有一種產在南投溪頭的豆蘭，植物體和花形雖類似，但假球莖密集聚生成堆而非排成一列，花期在秋、冬季，花徑只有1.7公分，花透明白色，上面滿佈紫紅及紅色細斑，據推測為一與阿里山豆蘭有近緣關係的新種豆蘭。

阿里山豆蘭不僅產於台灣，在國外也有，產地包括印度、中國、緬甸及越南。中國產的植株過去曾進口到國內，除了花色有差異之外，假球莖也偏黃，並不難區別。

學名：*Bulbophyllum pectinatum*
異名：*Bulbophyllum transarisanense*
英名：Lily Orchid
別名：百合蘭、百合豆蘭
植株大小：5～13公分長
莖與葉子：匍匐根莖短不明顯，假球莖前後緊密相連排成一列，呈直線走或蛇行，假球莖歪卵狀，前端變尖，長1.5～3公分，徑0.9～1.3公分，青綠色，有光澤，頂生一葉，葉片長橢圓形，長3～10公分，寬1.5～2.5公分，葉表綠色或深綠色，葉背灰綠色，軟革質。
花期：夏季，主要在6月底至7月。

花序及花朵：花莖自假球莖基部側面抽出，長4～6公分，基半段被白綠色的長腳杯狀苞片所被覆，頂生單花，花長及花徑3.5～4.5公分，白綠色，具縱向綠色脈紋，有的佈細紫斑，唇瓣舌狀且肥厚，黃綠色而下方近白色，表面密佈褐色或紅褐細斑。
生態環境：原始林、針葉林樹木枝幹或岩石附生，主要生長於中海拔雲霧帶，喜涼爽潮溼、遮陰或半透光、佈滿苔蘚的環境。
分佈範圍：台灣本島尚稱普遍，包括台北、桃園、新竹、苗栗、台中、南投、嘉義、宜蘭、花蓮以及台東都有，分佈海拔高度700～2200公尺。

長葉根節蘭

2000年元月的第一個週末，破曉之前驅車前往嘉義奮起湖尋訪那裡的蘭兄花妹們。到了奮起湖選定了入林地點後不久，就在海拔1400公尺的杉林內，遠遠瞧見前方巨大枯倒木旁的岩石上，長著一叢疑似國蘭的植物，快步趨前一看才發覺，那是曾在周鎮的『台灣蘭』中研讀過的長葉根節蘭。

它的葉子多枚對生，朝向兩邊擴散，柔軟的長葉自然的彎曲成弧狀，雖然不是花季，僅觀其葉仍感不虛此行。接著又在周圍的林床和大石頭上找到多叢，其中兩叢攜帶細長的花莖，上頭結滿了綠豆般的蒴果。

長葉根節蘭的葉如其名長又細，如果不知道台灣有這一號植物，在野外遇到了，還真會把它當作是國蘭看待。由圓柱狀假球莖，很容易認出它是根節蘭。又它的葉子雖如報歲蘭般大小，但質地較薄，葉面上通常有三條分明的褶扇式脈紋。同時，長葉根節蘭有6至10枚葉子，而報歲蘭僅具3、4片。

長葉根節蘭為台灣的根節蘭當中花莖最長的。花特別之處在於盛開時，花瓣、萼片及唇瓣全部向後翻，蕊柱突出在最前面，看起來樣子有點奇怪。

學名：*Calanthe davidii*
異名：*Calanthe matsudai*
英名：Long-leaved Calanthe
別名：劍葉根節蘭
植株大小：35～60公分高
莖與葉子：根莖不明顯，假球莖密接成排，圓柱狀，長2～4公分，葉子6至10枚，葉片線形，長45～90公分，寬2～3公分，膜質，表面具褶扇式脈紋，深綠色。
花期：春季至夏季，6至8月居多。
花序及花朵：花莖自假球莖側葉間抽出，近直立，上段微彎，長60～110公分，總狀花序長15～40公分，著花40至60朵，排列緊密，花長1.4～2公分，花徑0.8～1.3公分，花裂全向後翻，花白底泛綠至黃綠色，唇瓣白色且帶黃色，少見唇瓣全黃。
生態環境：原始林或人造針葉林內地生或岩面上腐葉土生，喜潮溼陰涼、通風好、遮蔭或半透光的環境。
分佈範圍：台灣全島除西南部外零星分佈，產地包括台北北插天山、大桶山、桃園拉拉山、宜蘭南湖大山、新竹樹海、台中畢祿溪、南投溪頭、神木至塔塔加、嘉義奮起湖、花蓮中央尖山、屏東北大武山。分佈海拔高度1000～2500公尺，以海拔1000～1700公尺較集中。

193

阿里山根節蘭

阿里山根節蘭是本土的特有植物，它的發現必須追溯到日據時代，於1911年由日籍植物學家早田文藏博士發表為新種。早田博士對台灣植物的研究貢獻卓著，像大家熟知的台灣一葉蘭，也是由他發表的。由於本種最早是在阿里山採得，因此就以發現地來取名。實際上，阿里山根節蘭的分佈範圍相當廣，幾乎涵蓋全台灣，其垂直分佈同樣相當大，低自台北三峽滿月圓的海拔500公尺，上到嘉義阿里山的海拔2000公尺，皆為其生長範圍，而阿里山海拔2000公尺的產地，則是它的分佈最上限。

人有普通身材的，也有長得特別高大壯碩的，阿里山根節蘭也不例外。阿里山根節蘭屬於中型的地生蘭，植物體一般高度介於30～50公分之間。然而在阿里山海拔2000公尺的紅檜林內，有一叢阿里山根節蘭實在相當驚人，它是由數十株所組成，整叢

學名：*Calanthe arisanensis*
英名：Alishan Calanthe
植株大小：25 ～ 50公分高
莖與葉子：根莖不明顯，假球莖卵圓錐狀，約1.5公分長，葉子2至4枚，葉子全長35～70公分，有柄，葉柄長5～25公分，葉片長橢圓形或橢圓狀倒披針形，長30～45公分，寬4～12公分，紙質，深綠色，具光澤。
花期：冬季至春季，2至4月是盛開期。
花序及花朵：花莖在新葉發育中，自假球莖

側葉間抽出，花莖挺直，長30～60公分，總狀花序著花4至10朵，排列鬆散，花徑3～6公分，花朵寬展，微向下傾，花色全白或有的微泛淡紫暈，唇瓣基部向後生距，長度1～1.5公分，末端微下彎。
生態環境：闊葉林、針葉林、或竹林地生，喜涼爽潮溼、遮蔭或半透光的環境。
分佈範圍：台灣全島普遍分佈，中海拔居多。分佈海拔高度500～2000公尺，以海拔900～1700公尺較集中。

的寬度達一公尺半，最長的葉子長度有70公分，而寬度是12公分，和一般所見的植株大異其趣。想必是經過長年歲月的苦修，方能達到那樣的境界。那時是初春的三月天，只見其幾支舊花莖上背著多粒肥碩將熟的蒴果，但同時仍有近十支花莖盛開著，也許是體質太好的關係，因此全年無休地開花結果。

阿里山根節蘭的花期相當長，由每年十一月至翌年五月都有可能開花，開花時間往往因產地或當年氣候而異。花莖於新葉發育中抽出，青綠色的花莖挺直有力，最多能攜帶10朵間隔有序的雪白花，花朵大的有5、6公分，足堪與台灣花朵最大的黃根節蘭相匹敵。由於其花莖挺拔，花兒清新明亮，相當受山野草趣味者的喜愛，也曾遠渡重洋外銷到國外。

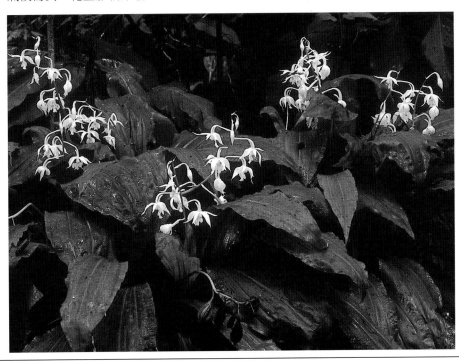

反捲根節蘭

反捲根節蘭是根節蘭裡的小個子，株身最小的僅有10公分高，而葉子最短的不過15公分長，比起大塊頭的台灣根節蘭，真是有如小矮人與大巨人之別。台灣根節蘭株高可達70公分，葉子最長的有100公分之譜。還好造物主慈悲為懷，把台灣根節蘭擺在東北部和西南部的低山丘陵裡，而讓反捲根節蘭置於中央山脈的懷抱中，讓它們不必碰頭，因此反捲根節蘭不致在台灣根節蘭的威風下顯得楚楚可憐，而以小巧可愛的模樣受人疼惜。

反捲根節蘭喜愛中海拔陰涼又溼潤的環境，生長的地方多位於中央山脈的

學名：*Calanthe puberula*
異名：*Calanthe reflexa*
英名：Reflex Calanthe
植株大小：10～40公分高
莖與葉子：根莖不明顯，假球莖成排密接，長柱狀，有的前部變窄，長1.5～2.5公分，葉子3至7枚，葉片狹長橢圓形、線狀披針形或倒披針形，長15～47公分，寬4～7公分，質地柔軟，紙質，深灰綠或綠色，無光澤。
花期：春末、夏季至初秋，8月盛開。
花序及花朵：花莖自近成熟的葉間抽出，花莖在含苞及初開階段末端下彎，而於盛開時伸直，長25～50公分，總狀花序著花7至25朵，花長3～3.5公分，花徑約2.5公分，花朵

白底，泛淡紫暈或紫色，唇瓣色澤尤深。
生態環境：原始闊葉林、針闊葉混生林、人造針葉林內地生、伏地腐木上生，少數以附生的形態長在傾斜樹幹或橫向粗枝上，喜潮溼陰涼的環境。
分佈範圍：台灣全島中海拔普遍分佈，產地包括台北北插天山、波露山、梵梵溪、宜蘭白嶺、太平山、四季、棲蘭、明池、南山、思源、加羅湖、南湖大山、桃園南插天山、拉拉山、達觀山、新竹埔田、尖石、五峰、觀霧、大霸尖山、苗栗泰安、台中畢祿溪、南投合社、嘉義阿里山、花蓮清水山、高雄旗山、台東向陽。分佈海拔高度800～2500公尺，以海拔1000～2000公尺族群最多。

範圍內，尤以山脈北段更是反捲根節蘭的大本營，如宜蘭、新竹境內的原始林和人造針葉林。在某些產區，反捲根節蘭從海拔千餘公尺，一路綿延直上兩千公尺出頭，沿途但見它們此起彼落，有的半掩於林床枯枝間，還有長在橫躺於地的枯木上的。每逢夏末時節，無論是單生的，或是大叢的，率皆陸續挺起原本垂頭喪氣的花序，張開可人的紫色小花兒，那時候的林子裡，是一年中最熱鬧的時段。

反捲根節蘭的植物體和花朵都有特色，很容易辨別。葉子末段自然向下彎曲，葉片偏窄，呈狹長橢圓形，質地薄軟，帶點粗糙感，葉面波浪板式縱褶明顯，葉緣具小波浪狀起伏，不帶明顯光澤。花朵是長形的，長度在3至3.5公分之間，花徑約短於長度半公分：花瓣是線形的，呈弓狀姿態向兩邊張開，一看之下有點像海鷗飛翔時的張翅模樣；萼片的姿態蠻特別的，盛開時會向後仰，有的甚至相親在一起，如不細瞧，還以為側萼片不見了而只剩上萼片。它的名字便是因萼片反捲的特徵而來的。

197

黃唇蘭

黃唇蘭又名台灣黃唇蘭，為台灣低、中海拔山區林下經常出現的蘭種。它給人的印象是生命力強韌，其根莖發達，貼著土面匍匐向前延伸，偶爾也

會攀到樹頭或樹幹低處，假球莖和花莖都是由上面生出。由於一莖一葉的的生長方式，遠遠看去，有時會以為是發現了台灣一葉蘭，或是一葉罈花蘭。

黃唇蘭的植株體型似乎呈現兩種形態，一般在800公尺以上山區所見的植株體型較大，假球莖為長卵狀或圓錐柱狀，葉子也大些，大多有30公分以上，花莖上的花朵數15朵以上，花朵黃綠或黃色，密佈褐色斑紋。然而，北

部低山區烏來一帶海拔250至600公尺闊葉林所見的黃唇蘭，其植株偏小，假球莖近似長柱狀，長度在3、4公分之間，葉子小了些，往往不到30公分，一支花莖的花數約10朵上下，且所開的花朵花裂呈青綠色，無斑紋，唇瓣為白色。由於烏來產的植物與中海拔所見的黃唇蘭，在植株及花朵上皆呈現差異，不禁使人懷疑烏來的植株有可能是變種，甚或是不同的植物。

學名：*Chrysoglossum ornatum*
英名：Yellow-lipped Orchid
別名：台灣黃唇蘭、金蟬蘭
植株大小：30～45公分高
莖與葉子：地生或半地生蘭，假球莖長卵狀或圓錐柱狀，長3～8公分，徑0.6～2公分，頂生單葉，葉片長橢圓形，長25～45公分，寬4～8公分，深綠色，表面具摺扇式縱紋。
花期：春末、夏初，5、6月為盛開期。

花序及花朵：花莖自假球莖頂抽出，直立，長30～35公分，著花6至25朵，花徑2.5～3.5公分，花朵黃綠或黃色，有的帶褐色斑紋。
生態環境：山區闊葉林或雜木林內陰濕林床石堆間腐植土地生、腐木上、樹幹近地處生附生，喜有蔽蔭的潮濕環境。
分佈範圍：台灣全島低、中海拔普遍分佈。分佈海拔高度250～1500公尺。

白石斛

喜歡登山的愛蘭同好多半有類似的印象，發現白石斛的地方，絕大多數是由山區低中海拔的交接地帶起，然後向上沿伸至中高海拔的分界線地帶，它適合生長的環境，正是典型的中海拔雲霧帶。這一帶的氣候清涼陰濕，午後二至三時雲霧紛起，全天日照主要集中在上午。白石斛就生長在苔蘚、地衣滋生旺盛的樹木主幹或枝條上頭，性喜群生，常成百上千廣佈於林間。在宜蘭海拔1000至1200公尺的大片杉林中，就有這樣的景緻，有的杉木由下至上附生數以百計的白石斛，舉頭仰望，極為壯觀。

台灣產的12種石斛當中，就以白石斛的分布最廣，而且族群繁盛，為產量最多的石斛蘭種。

若就莖的部分來看，坊間一般把白石斛分成「青莖型」與「褐莖型」兩群。青莖型的莖細長，呈青綠或黃綠色，所開的花都是白色的，有的產地開出的花朵大又厚，相當有看頭。褐莖型的莖基本上比較粗短，顏色為黃褐色或近咖啡色。當然，白石斛主要是開白花，不過，褐莖型裡頭有的個體也會開乳黃色或淡紫紅色的花。

學名：*Dendrobium moniliforme*
英名：White Dendrobium
別名：石斛、接骨草、細莖石斛
植株大小：10～60公分長
莖與葉子：密集叢生，呈放射狀伸展，莖短的直立向上，長的橫生或近乎懸垂姿態，莖形狀細長圓柱狀，長8～45公分，徑0.3～0.7公分，顏色青綠、黃綠、黃褐、咖啡色或暗紫褐色。葉子二裂互生，葉片披針形，深綠色，厚紙質，長4～7公分，寬0.6～1.5公分。

花期：12月至翌年9月，冬末春季盛開期。
花序及花朵：花莖大多數由無葉的老莖前半段的節抽出，花軸短，通常著花2朵，花徑約2～4.5公分，多數植株所開的花為白色，少數個體則開淡黃色、乳黃色或紫粉紅色，有些個體具淡香。
生態環境：針葉林、闊葉林內樹木枝幹附生，喜潮溼、陰涼或半透光的環境。
分佈範圍：台灣全島低、中、高海拔山區，中海拔雲霧帶產量最多。分佈海拔高度500～2450公尺。

合歡松蘭

合歡松蘭是松蘭家族中的小不點，葉肉厚嫩又光滑，感覺像是多肉植物。它雖小，卻專挑珍貴巨木為伍，喜歡依附在紅豆杉、鐵杉及紅檜等的高層主幹或枝椏上頭。於2000年冬季中橫之旅，在俯瞰

畢祿溪的一棵巨大紅豆杉上，找到一株合歡松蘭遺世獨立地佇立在壯碩的主幹高處，頂著凜烈的寒風依舊綻放出花朵。

合歡松蘭是中、高海拔的珍稀蘭種，1965年『台灣蘭』作者周鎮先生首度在合歡山一帶海拔約2000公尺森林內採得，於是就以發現地合歡山的泰雅族語rantabun作為拉丁學名之種名。並依據同樣理

由，將中文名稱取名為「合歡松蘭」。

合歡松蘭的花開在莖葉的下方，花莖短，花朵緊靠在一起形成花球，這是松蘭屬的共同特色。有時幾支花莖同時綻放，一打左右的花朵聚集在一起成了大花團，著實相當熱鬧。花將謝之前，綠色的部份會逐漸變紅，讓人產生錯覺，以為它同時開兩種不同顏色的花。

學名：*Gastrochilus rantabunensis*
英名：Rantabun Pine Orchid
植株大小：4～5公分寬
莖與葉子：莖長5～9公分，葉子二列互生，密集排列，葉緣重疊，葉片長橢圓形，長2～2.5公分，寬0.5～0.7公分，綠色，厚肉質，葉片兩面散佈著紫斑。
花期：12月至翌年1、2月以及5月。
花序及花朵：花莖短，1～2公分，由莖基半段葉鞘斜向下伸出，著花2～7朵，花徑1～

1.2公分，花朵綠色或黃綠色，佈紅色或紫色細斑，唇瓣白色，具扁尖錐狀囊袋，舷部微反曲，中央為黃或綠色，密生絨絨的白毛。
生態環境：密林內針葉大樹上層主幹或樹枝附生，喜冷涼陰溼、空氣流通的環境。
分佈範圍：目前僅發現於台灣中部，已知的產地包括宜蘭思源、台中大霸尖山、畢祿溪至合歡溪、南投梅峰、秀峰、大禹嶺。分佈海拔高度1700～2700公尺，以畢祿溪至合歡溪一帶海拔1700～2000公尺居多。

紅檜松蘭

紅檜松蘭是台灣的「少數民族」，在野外目睹過它的人並不多，它的葉子是草綠色的，喜與苔蘚、地衣為伍，棲身於青鬱蒼翠的綠色叢林裡，頗具隱蔽保護的效果，能夠與之相遇，需要適度的判斷力與些許的機緣。於南橫之旅，車行過台東段的向陽，那裡是中海拔與高海拔的分界嶺，望見路旁的大樹上著生多叢白石斛，下車觀賞的過程中，瞧見林緣的坡地上躺著一大叢掉落的白石斛，在撿拾的過程中，激起了入林一探虛實的衝動，於是才能與紅檜松蘭不期而遇。

紅檜松蘭僅見於原始林內，為台灣的特有植物，特別喜歡中海拔上層那種空氣冷涼、環境潮溼，午後不久即霧氣湧起、雲煙裊裊的地方，其生育環境中尚發現白石斛、松葉蘭、白毛捲瓣蘭和二裂唇莪白蘭，以及地生的反捲根節蘭。它是在日據時代的1933年，由日籍植物學者福山伯明於桃園拉拉山海拔2000公尺的紅檜樹上首次採得，因此取名「紅檜松蘭」。

學名：*Gastrochilus raraensis*
英名：Hinoki Pine Orchid
植株大小：5.～17公分長
莖與葉子：莖長3～15公分，葉子二列互生，葉片長橢圓形，長1.5～2.5公分，寬0.5～0.6公分，肉質，綠色，有的點綴紫斑或紅斑。
花期：冬季
花序及花朵：花莖短，1～2公分，由莖前半段葉鞘斜向下伸出，著花3～7朵，花徑0.9～1.1公分，半張或近展開，花朵綠色為主，唇瓣淺綠或帶白色，尖錐狀囊袋，略扁壓且末端微向前，外面佈紫斑、紫藍斑或褐斑，舷部白色，除了中央的綠色塊斑之外，密生白鬚毛。
生態環境：原始林內樹幹懸垂附生，喜冷涼潮溼、空氣流通、遮蔭或半透光的環境。
分佈範圍：台灣本島北部及東部零星分佈，產地包括台北南插天山、桃園拉拉山、新竹觀霧、花蓮林田山、台東向陽。分佈海拔高度1500～2300公尺。

銀線蓮

葉紋優美的銀線蓮是森林裡的地被植物，偶爾出現在林床間，喜歡選擇腐植質豐富的陰濕地落腳，也會爬到長有苔蘚的樹幹上，既是地生蘭，也是附生蘭。2002年6月家兄同廖姓與陳姓蘭友往宜蘭尋蘭賞鳥，於大同鄉海拔1200公尺的柳杉林下，看到銀線蓮攜著花朵成群散佈於蕨類苔蘚茂盛的坡地，在那裡發現了三群，每群十幾至二十幾株不等，不見則已，一見成群，真是好運當頭。

紅褐的莖幹細長柔軟，下半段橫於基質表面蔓延，上半段挺立，由枯葉綠叢間伸出，幾枚葉呈放射狀環繞於其上，葉子是全株的精華所在，淡綠葉表鑲著銀白色脈紋，足以媲美金線蓮，一金一銀堪稱本土觀葉蘭之線藝雙雄。

銀線蓮與金線蓮雖植株外形及生長方式相仿，但因花的構造差異大，在分類上分屬於不同的屬，銀線蓮隸屬於斑葉蘭屬，親緣上跟鳥嘴蓮較接近，而金線蓮是屬於開唇蘭屬。銀線蓮也是藥用植物，據說與金線蓮的藥效類似。另有一種小型地生蘭叫小小斑葉蘭，數量極少，其植株、葉紋和花朵酷似銀線蓮，只是株矮葉小，株身高通常不超過4公分。

學名：*Goodyera matsumurana*
異名：*Goodyera yangmeshanensis*
英名：Silver-veined Jewel Orchid
別名：假金線蓮
植株大小：4～10公分高
莖與葉子：莖柔軟細長，長10～20公分，紅褐色，下半部橫走於土面，上部直立生葉3至5枚，呈放射狀排列，葉片卵形至橢圓形，長3～7公分，寬2～4公分，紙質，葉表綠色，佈銀白色網紋，葉背淺綠色。
花期：夏季

花序及花朵：花莖自莖頂葉間抽出，直立，長4～8公分，紅褐色，總狀花序著花20～30朵，花小，花徑約0.5公分，萼片紅褐色，花瓣及唇瓣白色。
生態環境：原始闊葉林、人造針葉林內地生或附生，喜歡陰濕的環境。
分佈範圍：台灣低至中海拔山區零星分佈，產地包括宜蘭棲蘭山、桃園士林、苗栗鳥嘴山、南投沙里仙、屏東大樹林山，分佈海拔高度400～1200公尺。

新竹風蘭

新竹風蘭又叫「黃蛾蘭」，係因花色乳黃之故而取這樣的名字，它是在日據時代1936年為日籍學者在新竹發現，所以有「新竹風蘭」之名，目前市面上常用的也是這個名字。

本種的分佈並不普遍，已知的產區落在宜蘭、花蓮、新竹和嘉義縣境內。曾於嘉義往阿里山途中在海拔1500至1700公尺之間，見其附生在蔭蔽的杉枝上頭，當時為4月初，時值開花末期，兩支花莖上的花朵全開，有幾朵花半閉近謝，這一處可能是新竹風蘭分佈的最高點。

台灣的9種風蘭當中，低海拔以台灣風蘭最多，中海拔以溪頭風蘭分佈最廣，新竹風蘭和金唇風蘭在族群數量上屬於第二級，雖然不多，但多走便有機會遇到，其他5種或因族群稀少，或是僅侷限在小區域內，實在可遇不可求。

新竹風蘭和溪頭風蘭是台灣產的風蘭裡較受重視的兩種，因為它們的花期較長，花能持續幾天，其他種類的花朵壽命都不足一天。本種花朵壽命能維持3到7天，且優點是幾乎花莖上的花朵一次全開，能表現多花熱鬧的氣氛，是頗具觀賞價值的小型氣生蘭。

學名：*Thrixspermum laurisilvaticum*
英名：Hsinchu Wind Orchid
別名：黃蛾蘭
植株大小：3～7公分長
莖與葉子：莖長1～3公分，葉二列互生密集排列，葉片長橢圓形，微鐮刀狀姿態，長4～6公分，寬0.8～1.5公分，深綠色至暗墨綠色，帶光澤，軟革質。
花期：冬末至春初

花序及花朵：花莖自莖側葉腋抽出，長5～7公分，纖細，著花2至9朵，每次開2至5朵，花徑1.2～1.4公分，花乳黃色，唇瓣側裂有許多紅色條紋。
生態環境：原始林、針葉林枝條附生，喜涼爽、潮溼且有適度遮蔭的環境。
分佈範圍：台灣本島北部、東部及中部零星散佈，分佈海拔高度600～1700公尺。

溪頭風蘭

台灣產的幾種風蘭大多分佈於低海拔山區,有的比較接近人們的活動範圍,可以長在果園的枝幹上或灌木圍籬間,但溪頭風蘭則是垂直分佈較高的一種,發現它的地點大多落在中海拔範圍內,花蓮、台中、南投和嘉義海拔800～1200公尺山區原始林及人造林為其族群繁衍的大本營,它性喜群生,只要遇上了,通常都是一大群散佈在鄰近許多樹木上。

風蘭的花都小小的,但蒴果卻不成比例的大,就拿溪頭風蘭來看,花徑最大的不過1.5公分,受粉後子房膨脹伸長卻能達5至7公分長,是花的好幾倍大,可以想見裡頭必然含有大量種子。在野外看到溪頭風蘭成株,旁邊經常有許多小苗,可見其發芽數不少,在其他蘭屬中少有這樣的情形,所以溪頭風蘭及其同類常能在短時間內大量繁衍,如果來的時候對,有時還能看到種

學名:*Thrixspermum saruwatarii*
英名:Chitou Wind Orchid
別名:小白蛾蘭
植株大小:4～10公分長
莖與葉子:莖長2～5公分,葉二列互生,密生3至13枚葉子,葉片線狀倒披針形,微鐮刀狀姿態,長2～10.5公分,寬0.7～1.5公分,綠色、深綠色或墨綠色,軟革質。
花期:冬末、春季至夏初,2、3月盛開。

花序及花朵:花莖自莖側葉腋抽出,長5～8公分,纖細基部細而前端稍粗,著花3至8朵,每次開1至5朵,花徑1.2～1.5公分,花白色、乳黃色,有的帶紫紅色。
生態環境:闊葉樹、針葉林或灌木枝條附生,喜潮溼度、蔭蔽或半透光的環境。
分佈範圍:台灣本島中、南部分佈居多,北部零星散佈。分佈海拔高度600～2800公尺,以海拔800～1200公尺較常見。

子發芽形成之子實體，綠色的長片狀物靠幾條小根黏附在枝條上，外形如小蟲。

台灣產的9種風蘭當中，只有溪頭風蘭和新竹風蘭（黃蛾蘭）花朵壽命能維持5至7天，其他種類如白毛風蘭（鉤唇風鈴蘭）、異色風蘭（異色瓣）、金唇風蘭（烏來風蘭）、台灣風蘭、高士佛風蘭、倒垂風蘭以及厚葉風蘭（肥垂蘭）等的花朵壽命都不到一天，僅在白天開著，因此特有種的溪頭風蘭算是彌足珍貴的蘭種，它的開花性很好，單一植株便能抽出多支花莖，多年老株曾見花期間陸續抽出十幾支花莖，而它又好群生，常見5至10株結成一團，盛開時數十支花莖一起綻放，相當有看頭，所以長久以來一直是野生蘭愛好者喜歡栽培的迷你蘭。

高海拔是地生蘭的天下

在海拔2300公尺以上的高山地區，除了針葉林之外，大部分就是箭竹林、灌木叢及高山草原，闊葉林幾乎已被取代。氣生蘭的種類大量減少，只有少數種類還能在高海拔下層生存，像是鹿角蘭、白石斛、連珠絨蘭（高山絨蘭）、紅斑松蘭、何氏松蘭及撬唇蘭（松葉蘭）等。

高海拔是地生蘭的天下，3000公尺以下森林裡，尚有一些在中海拔能看的到的種類，例如尾唇根節蘭、反捲根節蘭、三板根節蘭（繡邊根節蘭）、九華蘭、細葉春蘭及台灣一葉蘭等。但在3000公尺以上的山區，已屬亞寒帶，這裡的氣候嚴寒，冬季常有結霜下雪，只有耐寒的地生蘭才能夠生存，如奇萊喜普鞋蘭、紅蘭、粉蝶蘭及玉山一葉蘭等，也只有在這樣的環境才能遇到。

高海拔的野生蘭以雛蘭、粉蝶蘭、紅蘭（小蝶蘭）、喜普鞋蘭等高山蘭花為主流，除此之外，還有較不為人注意的高山頭蕊蘭（*Cephalanthera alpicola*），它喜歡長在高海拔山路旁的草坡，五、六月上山賞花時，不妨試試運氣。

高海拔氣候寒冷，野生蘭幾乎都長在地上，秋末、冬初天氣轉寒時莖葉凋落，僅留地下根莖在土裡過冬，待初春才由土中冒出新芽，當新芽半成熟時開花，圖中的臺灣喜普鞋蘭也是如此。

高山針葉林及箭竹林下的野生蘭

在海拔2300公尺以上的山區，闊葉林已顯著減少，取而代之的是針葉林為主的林相。在2800公尺以下，尚有少數氣生蘭存在，但再往上，氣生蘭便完全絕跡，所能看到的就只剩下地生蘭。

海拔2800至3500公尺是台灣最高的森林，以冷杉、雲杉、鐵杉等為主的針葉林，構成高山森林的特有風貌。在高山草原、灌叢與針葉林間，便是成片低矮的玉山箭竹林。高山的野生蘭就藏身在杉林裡、箭竹林下或杜鵑灌叢間，在這裡有機會見到的有各種的粉蝶蘭、紅蘭，還有美麗的小喜普鞋蘭與台灣喜普鞋蘭。在林緣或草原間則長著高山肖頭蕊蘭、台灣鈴蘭等向陽種類。

高海拔山區的氣候寒冷，植物生長不易，繁殖的速度緩慢，野生蘭的種類不多，族群數量無法與低、中海拔的種類相比，能有大群共生一地的景況畢竟極少，如果有幸在高山上遇到這些美麗的地生蘭，盼望您帶著愛憐疼惜的心，僅止於欣賞它們的美，拍拍照片留念即可。它們只能適應高冷的環境，無法忍受山下的熱氣。

三板根節蘭　P208

小喜普鞋蘭　P209

台灣喜普鞋蘭　P210

何氏松蘭　P211

厚唇粉蝶蘭　P212

高山粉蝶蘭　P213

三板根節蘭

三板根節蘭是台灣分佈最高的根節蘭之一，主要產於中央山脈的巍峨大山，一般人並不容易看到它，恐怕只有攀登百岳的登山客途中有機會遇到。

三板根節蘭的名字係因花朵唇瓣中裂上有三條板狀龍骨之特徵而來的。不過，並非全部的花都是三條龍骨，有的花朵上有四或五條龍骨。它還有一個常被使用的名字，叫繡邊根節蘭，似乎更能貼切的描述它的美。三板根節蘭的花莖挺拔，花的間隔排列適中，黃綠色的花裂搭配紅褐色的唇瓣，帶有典雅的氣質。加以花朵散發濃鬱的香氣，僅次於黃花根節蘭，是極受注目的本土根節蘭。台灣產的18種根節蘭當中，3種帶有易聞

的香味，其中以三板根節蘭的花香最濃。

三板根節蘭在台灣並不普遍，不過在喜馬拉雅山一帶分佈頗廣。在印度、尼泊爾，它分佈於海拔2300～2900公尺。在中國南部，它分佈於海拔1000～3500公尺。而在日本，本州、四國、九州及北海道都有，由於該國偏北，分佈海拔較低，主要產於海拔300～1300公尺。

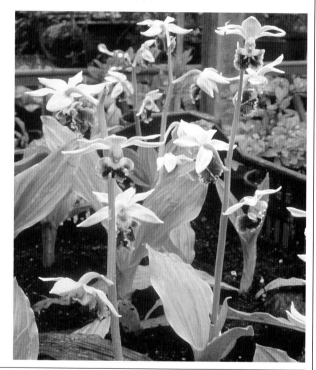

學名：*Calanthe tricarinata*
別名：繡邊根節蘭
植株大小：25～45公分高
莖與葉子：根莖不明顯，假球莖密接成排，倒卵狀或圓錐球狀，長2～3公分，徑1～2公分，葉子2至4枚，葉子全長30～50公分，有柄，葉柄長10～15公分，葉片窄橢圓形或窄卵形，長20～35公分，寬5～9公分，紙質，綠色。
花期：冬季至春季，3、4月為盛開期。
花序及花朵：花莖自新芽中抽出，花莖挺直，長30～50公分，總狀花序著花4至15朵，排列鬆散，花徑3～4公分，花黃綠色，唇瓣帶紅褐色，少見素色花，不具紅褐色，花帶濃香。
生態環境：原始闊葉林內地生，喜潮溼陰涼的環境。
分佈範圍：台灣以中央山脈為主要分佈區域，產地包括宜蘭南湖大山、思源、奇烈亭、花蓮清水山、雞鳴山、能高山、南投巒大山、望鄉山、丹大山。分佈海拔高度1700～2800公尺。

小喜普鞋蘭

小喜普鞋蘭是袖珍型的高山蘭花，喜歡生長在冷濕的針葉林下，常小群散佈於林床間，冬季天冷植株便從地面消失，僅餘地下根莖埋於淺土內，初春氣溫回升之際，新芽破土而出，柔細的綠莖由芽中挺起，頂端一對心形葉小巧可愛。於四、五月莖葉近成熟時開花，它的花莖很特別，由莖頂葉間抽出然後彎曲向下，黃綠色的花就躲在葉面下，相當有趣。

喜普鞋蘭為耐寒植物，廣泛分佈於北半球溫帶地區，可是地處亞熱帶的台灣卻能夠擁有四種喜普鞋蘭，實在難能可貴。它們主要分佈於中央山脈的高冷地帶，寶島喜普鞋蘭開黃花，生長於林下半透光處或溪床間；台灣喜普鞋蘭開白粉紅花，生長於杉林內陰濕地或透光散射的竹林內；奇萊喜普鞋蘭長得最高，通常在3000公尺以上才能看到，生長於灌叢下或岩屑地；而小喜普鞋蘭則是林下的地被植物，是最小的本土喜普鞋蘭。

小喜普鞋蘭除了台灣產之外，鄰近地區也有，在中國它出現在四川、湖北一帶，分佈海拔高度與台灣相當，在日本除了南部以外幾乎都有，因日本緯度較高，主要生長在1300公尺左右的山區。

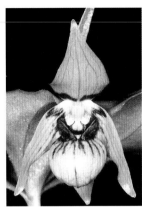

學名：*Cypripedium debile*
英名：Little Lady's Slipper Orchid
別名：小袋唇蘭、小老虎七
植株大小：8～20公分高
莖與葉子：落葉性地生草本，地下根莖短，根細長，莖直立，長8～15公分，頂生2葉，葉子近對生，葉片心臟形，長3～6公分，寬2.5～5公分，三條脈紋明顯。
花期：春季
花序及花朵：花莖由莖頂抽出，彎曲下垂，花藏於葉下，單花，花徑約1～1.2公分，花朵黃綠色，唇瓣米白色，佈紫黑色條紋。
生態環境：中、高海拔針葉林、箭竹林下腐質土地生，性喜低溫之陰濕環境。
分佈範圍：台灣本島中央山脈零星分佈，主要產於台灣中、南部，北部山區偶有發現，產地包括宜蘭審馬陣山、奇列亭、花蓮清水山、南投合歡山，分佈海拔高度2000～3000公尺。

台灣喜普鞋蘭

台灣喜普鞋蘭為冷溫性的蘭科植物，主要分佈於宜蘭、花蓮、南投和嘉義的中央山脈中、高海拔地帶。過去在若干山區形成大的群落，散佈於杉林下、竹林間，之後由於山林砍伐及商業採摘的雙重壓力，族群有萎縮之勢，不過在保護區、國家公園及花蓮、南投境內的深山縱谷裡，仍有穩定族群。

台灣喜普鞋蘭為知名的台灣特有蘭科植物，在國際高山蘭界享有美名，有鑑於其具有觀賞價值，近幾年來台大試驗林場和農委會投入專家研究其種子播種無菌繁殖方法，目前已有初步成果，待培養基調配成熟，便能大量繁殖供應國內外之所需，那時商業出口便能獲得充分的供應，野生族群也能繼續繁衍，永存於台灣大地。

過去有一段時期，曾把本種納入中國、日本產的扇脈勺蘭（日本喜普鞋蘭），近年來由於發現兩者的差異性頗為穩定，才確定台灣產的是獨立的種。兩種雖然外形相似，但在植株和花朵上都有可供分辨的特徵存在，台灣喜普鞋蘭的葉片較平坦，莖及花梗光滑無毛，花色穩定，全花大底白色，上佈紫紅細斑。而扇脈勺蘭的葉片褶扇式皺褶較深，莖及花梗密生白色軟毛。

學名：*Cypripedium formosanum*
異名：*Cypripedium japonicum*
英名：Taiwan Cypripedium ,Formosa Lady's Slipper Orchid
別名：日本喜普鞋蘭、台灣袋唇蘭、一點紅
植株大小：20～40公分高
莖與葉子：落葉性地生草本，地下根莖強韌，長10～30公分，長圓柱狀，土黃色，節處兩側生根，狀如蜈蚣，會分支，根粗長脆嫩，根莖末端生新芽，莖直立，長15～25公分，頂生2葉對生，葉片扇形，具褶扇式縱褶，長10～22公分，寬10～20公分，紙質，圓形或橢圓形。
花期：春季

花序及花朵：花芽包覆在新芽內，葉片近成熟時開花，花莖由莖頂葉間抽出，長8～12公分，頂生單花，花徑6～10公分，花朵白色，佈紫紅細斑，唇袋內側佈黃色條紋，花裂基半部生白毛。
生態環境：通常見於高山草原、岩石地或竹林內，性喜冷涼陰濕的環境。
分佈範圍：台灣東部及中部之中央山脈中、高海拔零星分佈，產地包括宜蘭太平山、中央尖山、南湖大山、思源、花蓮清水山、木瓜山、哈倫山、能高山、南投合歡山、奇萊山、梅峰、翠峰、嘉義玉山，分佈海拔高度800～3000公尺。

何氏松蘭

2000年12月中旬造訪何富順先生在台中國光花市的攤位，對於一截樹枝上自然著生的十幾株松蘭特別感到興趣，其中幾株正在開花，經何先生介紹才知那就是林讚標博士著作『台灣蘭科植物』第三冊中描述的「何氏松蘭」。何先生縱橫台灣野生蘭界數十年，既是登山高手，又對台灣的野生蘭具有敏銳的觀察力，曾發現許多新種及新紀錄種，何氏松蘭即為何先生於1979年元月在宜蘭南湖大山海拔約2300公尺的密林內發現的。為了獎勵他對台灣野生蘭的貢獻，於是以他的姓氏命名此種蘭花。

何氏松蘭的植株長相和大小，跟紅斑松蘭、紅檜松蘭、寬唇松蘭以及金松蘭都大同小異，雖能勉強區別，但仍須仰賴對細部構造的敏銳觀察與比對。

何氏松蘭是台灣的特有植物，除了在南湖大山首先採得之外，後來又在屏東大武山發現，兩地間隔有一段距離。是否還有其他中間地帶仍有此蘭的存在，尚待進一步求證。

學名：*Gastrochilus hoii*
英名：Ho's Pine Orchid
植株大小：5.5～12公分長
莖與葉子：莖長4～10公分，葉子二列互生，葉片長橢圓形或披針形，長1.5～2.7公分，寬0.6～0.9公分，肉質，綠色且具光澤，有的泛紫色，葉表和葉背佈紫褐細斑。
花期：冬季，12月及1月為主。
花序及花朵：花莖短，長1.5～2.5公分，由莖前半段葉鞘斜向下伸出，著花2至4朵，花徑1～1.2公分，花朵黃綠色，帶褐斑或紫斑，唇瓣大致白色，舷部除了中央的綠色或黃色塊斑外密生白毛，囊袋圓錐狀，略扁。
生態環境：原始林內樹木枝幹懸垂附生，喜歡溼冷而有適度遮蔭的環境。
分佈範圍：產量稀少，僅知的產地有宜蘭南湖大山和台東大武山。分佈海拔高度2000～2500公尺。

211

厚唇粉蝶蘭

厚唇粉蝶蘭為台灣特有的高山植物,在本島產的8種粉蝶蘭之中,以本種的分佈最廣泛。它是冷生的蘭科植物,生長於中央山脈的高山草原上,常混跡於箭竹林間,因莖葉與花朵都是綠色的,與週遭的背景相似,往往需要趨近仔細地找,才能認得出來。

厚唇粉蝶蘭的生長習性有點像低海拔的向陽性蘭花,喜歡有陽光的地方,雖然處於高海拔山區,但夏季(高海拔的春季)空氣清涼,不致像低海拔地區的悶熱,不過天氣晴朗的時候,有時太陽也相當炙熱,曾見其生長在無遮蔭的土石地上,葉子被曬得焦黑,長橢圓形的葉片只剩原長的三分之一,但花兒依然盛開,絲毫看不出有任何遜色之處,可見充足的陽光對厚唇粉蝶蘭是相當需要的。

它的莖葉不大,但因花莖最高有50公分,所以開花株給人修長的感覺,總狀花序著花10朵左右,均勻排列在花莖上,草綠色花隨著時日而變黃,唇瓣在上而上萼片在下,側萼片微向外張,姿態有點像兩隻角。

學名:*Platanthera mandarinorum* subsp. *pachyglossa*
英名:Thick-lipped Platanthera
植株大小:開花株 30〜50公分高
莖與葉子:地下根莖紡錘狀,新芽自頂部長出,葉子1、2枚,葉片長橢圓形或卵狀長橢圓形,綠色至深綠色,紙質。
花期:6至9月,7、8月為盛開期。

花序及花朵:花莖自新芽頂葉間抽出,直立,長20〜50公分,每花序著花6至12朵,花徑1〜1.2公分,花長1.8〜2公分,花朵綠色至黃綠色。
生態環境:高山箭竹林或冷杉林、鐵杉林下地生,喜冷涼、通風、陽光充足的環境。
分佈範圍:台灣本島高海拔山區分佈。分佈海拔高度2000〜3200公尺。

高山粉蝶蘭

夏天到合歡山觀賞野花，有時也會碰到一些高山蘭花在開花，其中的一種便是高山粉蝶蘭。它喜愛長在箭竹林下，植株和花朵都是綠的，若不經意，很容易忽略掉它。花期由7月開始，一直持續到9月，這段時間適值平地的盛夏，不過在高海拔山區沒有夏季，此時正是高山的春季，大多數高山野花都是在這段期間盛開。

高山蘭花大致都具有地下根莖或類似的構造，冬季嚴寒時，地上的莖葉部分都已枯萎凋落，僅餘地下組織休眠以過冬。高山粉蝶蘭的地下根莖呈紡錘狀，每年的4、5月為萌芽期，新芽便自根莖頂端抽出，上生2、3枚倒卵狀長橢圓形的葉子，基部的葉子比較寬大。花莖由新芽頂端葉片間抽出來，筆直向上生長可達到60公分高。7月起，花朵由花莖基部開起，逐漸向上依次綻放，花朵小小的，不到1公分，但每一朵花猶如飛翔的小綠鳩，細看蠻可愛的。

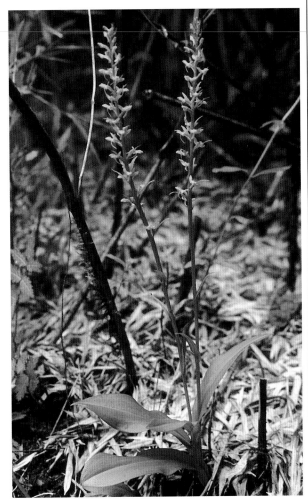

學名：*Platanthera sachalinensis*
英名：High Mountain Platanthera
植株大小：開花株40～60公分高
莖與葉子：地下根莖紡錘狀，新芽自頂部長出，生有2至3枚葉子，葉片倒卵狀長橢圓形，基部的葉子較寬大，深綠色，帶光澤。
花期：7至9月

花序及花朵：花莖自新芽頂葉間抽出，直立，長40～60公分，每花序著花25至30朵，花朵小，花徑0.6～0.7公分，花朵白綠色。
生態環境：高山草原、箭竹林下地生，喜冷涼、通風、陽光充足或半透光的環境。
分佈範圍：台灣本島中部高海拔山區分佈，分佈海拔高度2300～3000公尺。

附錄1

台灣野生蘭花期指南

　　欣賞山區路旁的野花野草，是一件賞心悅目的快活事，那麼，如果也能親眼目睹山中的隱士——野生蘭開花，喜悅之餘，更有幾分尋寶與中獎的快感，就是這樣的心情期待，一趟又一趟地不分寒暑與長途奔波，全年無休的往山裡跑，長時間的野外觀察，見證了台灣一年四季都是賞蘭的季節。

　　春天，大地由凜冽的寒風中回暖，山裡的野生蘭感受到回春的氣息而萌芽，黃根節蘭不待新芽苗壯便在初春綻放，阿里山根節蘭不落人後也爭相展露一串串白皙的花朵，緊接著，樹上、岩面、林下各式蘭種跟著陸續含苞待放，白石斛、撬唇蘭、馬鞭蘭、倒吊蘭、大花羊耳蒜、一葉罈花蘭、插天山羊耳蒜、金釵蘭等等，排滿了整個開花時程表，春季是野生蘭最熱鬧的季節。

　　夏季，天氣逐漸增溫，許多豆蘭等待這一刻的到來，瘤唇捲瓣蘭、狹萼豆蘭、鶴冠蘭、阿里山豆蘭、烏來捲瓣蘭、花蓮捲瓣蘭等爭相展現花姿，細點根節蘭、緣毛松蘭、木斛、銀線蓮、粗莖鶴頂蘭等散佈各個角落的蘭種，皆選在這個季節綻開。

　　秋天是大自然的過渡期，林間的氣氛由暑熱轉趨清涼，喜歡涼爽的野生蘭就等到此時開花，金線蓮、淡綠羊耳蒜、黃萼捲瓣蘭、台灣根節蘭、長距石斛、香蘭、心葉羊耳蒜等依次綻放，但此時的開花種類已不如春夏之盛。

　　經過秋季過渡轉換，時序步入冬季，山裡剎時變得蕭瑟無比，看似花兒的舞台該在此時告一段落，許多野生蘭為了安然越冬，先後進入休眠。可是，山林裡依然有不畏嚴峻氣候的傢伙，專挑寒冬才肯開花，這當中尤以中海拔的迷你松蘭最讓人印象深刻，台灣松蘭、何氏松蘭、紅檜松蘭、紅斑松蘭等不起眼的小型附生蘭，就是在這個季節展露花朵，而鹿角蘭、綠花肖頭蕊蘭、白花肖頭蕊蘭、連翹根節蘭、細莖鶴頂蘭等，也都甘願在這冷颼颼的季節裡為荒涼山林撐起一絲美感。

　　台灣的野生蘭科植物何其豐富，一年四季都有花兒在等著您去造訪，只要有心去找，認識它們的棲息環境，了解它們的生長習性，帶著正確的花期資訊，春、夏、秋、冬都是賞蘭的好季節。

主要花期　　　　　　　　　　　　　　　　偶見花期

214

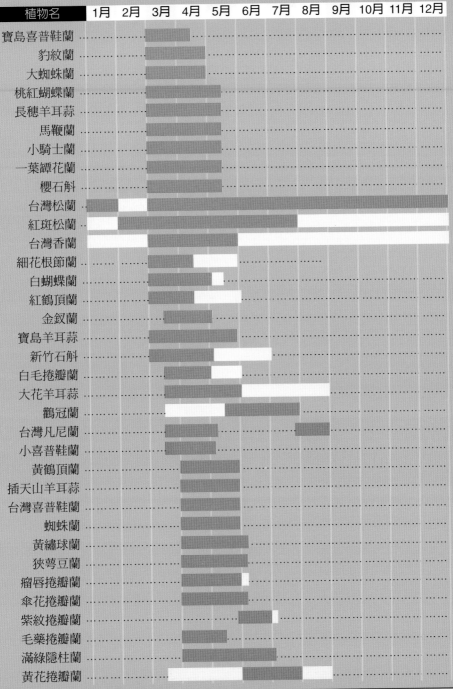

植物名	1月	2月	3月	4月	5月	6月	7月	8月	9月	10月	11月	12月
寶島喜普鞋蘭												
豹紋蘭												
大蜘蛛蘭												
桃紅蝴蝶蘭												
長穗羊耳蒜												
馬鞭蘭												
小騎士蘭												
一葉罈花蘭												
櫻石斛												
台灣松蘭												
紅斑松蘭												
台灣香蘭												
細花根節蘭												
白蝴蝶蘭												
紅鶴頂蘭												
金釵蘭												
寶島羊耳蒜												
新竹石斛												
白毛捲瓣蘭												
大花羊耳蒜												
鶴冠蘭												
台灣凡尼蘭												
小喜普鞋蘭												
黃鶴頂蘭												
插天山羊耳蒜												
台灣喜普鞋蘭												
蜘蛛蘭												
黃繡球蘭												
狹萼豆蘭												
瘤唇捲瓣蘭												
傘花捲瓣蘭												
紫紋捲瓣蘭												
毛藥捲瓣蘭												
滿綠隱柱蘭												
黃花捲瓣蘭												

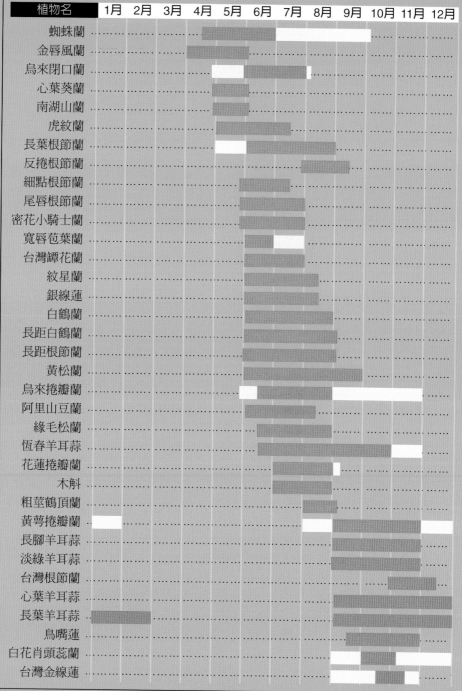

植物名	1月	2月	3月	4月	5月	6月	7月	8月	9月	10月	11月	12月
蜘蛛蘭												
金唇風蘭												
烏來閉口蘭												
心葉葵蘭												
南湖山蘭												
虎紋蘭												
長葉根節蘭												
反捲根節蘭												
細點根節蘭												
尾唇根節蘭												
密花小騎士蘭												
寬唇苞葉蘭												
台灣鐟花蘭												
紋星蘭												
銀線蓮												
白鶴蘭												
長距白鶴蘭												
長距根節蘭												
黃松蘭												
烏來捲瓣蘭												
阿里山豆蘭												
緣毛松蘭												
恆春羊耳蒜												
花蓮捲瓣蘭												
木斛												
粗莖鶴頂蘭												
黃萼捲瓣蘭												
長腳羊耳蒜												
淡綠羊耳蒜												
台灣根節蘭												
心葉羊耳蒜												
長葉羊耳蒜												
鳥嘴蓮												
白花肖頭蕊蘭												
台灣金線蓮												

植物名	1月	2月	3月	4月	5月	6月	7月	8月	9月	10月	11月	12月
黃穗蘭										■	■	■
臘著頦蘭	■	■								■	■	■
竹葉根節蘭										■	■	■
大花豆蘭	□	□	□							■		■
長距石斛											■	■
細莖鶴頂蘭											■	■
扁球羊耳蒜	■	■										■
雅美萬代蘭	■	■	□								□	■
綠花肖頭蕊蘭	■	□										■
溪頭豆蘭	■	□										■
鹿角蘭	■	□	□	□								■
阿里山根節蘭	□	■	■	□							□	■
何氏松蘭	■											■
合歡松蘭	■	■	□	□								■
一葉羊耳蒜	■	■	■									■
紅檜松蘭	■	■	■									
烏來石仙桃	■											
三板根節蘭		□	■									
連翹根節蘭		■	■	■								
小豆蘭		■	■	■								
翹距根節蘭		■	■	■								
蓬萊隱柱蘭		■	■	■								
黃根節蘭		■	■	□								
撬唇蘭		■	■	■								
倒吊蘭			■	■	□							
台灣金釵蘭			■	■	■							
異色風蘭			■									
新竹風蘭			■	■								
金松蘭			■									
台灣風蘭			■	■	■							
台灣一葉蘭			■	■	□							
溪頭風蘭			■	■	□							
羞花蘭				■	■							

附錄2

有蘭名而不是蘭科的植物

　　有些植物的名稱裡有「蘭」這個字，它們常被以爲是蘭花，但仔細觀察莖葉和花朵的特徵，可以發覺有別於蘭科植物，並不是眞正的蘭。這樣的植物有哪些？我們試著盡量把它們的名字羅列出來，希望對您在辨別蘭花時有一些幫助。

夾竹桃科(合併蘿藦科)
錦蘭(屬) *Anodendron* spp.
毬蘭(屬) *Hoya* spp.
絨毛芙蓉蘭*Marsdenia tinctoria* R. Br. （牛彌菜屬）

鹿蹄草科
水晶蘭(屬) *Cheilotheca* spp.

苦苣苔科
石吊蘭(屬)*Lysionotus* spp.

茜草科
玉蘭草(屬)*Hayatella* spp. 台灣特有屬，但是是一個疑問屬。

菊科
馬蘭(屬) *Aster* spp. 馬蘭屬(*Aster*)內因種類不同而有「馬蘭」和「山白蘭」等等不同的稱呼。
山白蘭(屬) *Aster* spp.
香澤蘭(屬) *Chromolaena* spp.
澤蘭(屬) *Eupatorium* spp.
蔓澤蘭(屬) *Mikania* spp.

桔梗科
蘭花參(屬) *Wahlenbergia* spp.

楝科
樹蘭(屬) *Aglaia* spp.

木蘭科
木蘭(科)(屬) *Magnoliaceae*、*Magnolia* spp.
玉蘭*Magnolia* spp. 木蘭屬下面有些種類會稱爲XX玉蘭。

百合科(合併石蒜科)
束心蘭*Aletris spicta* (Thunb.) *Franch.* 粉條兒屬
吊蘭*Chlorophytum comosum* Baker.
君子蘭(屬) *Clivia* spp.

鈴蘭(屬) *Convallaria* spp. 台灣的蘭科也有一個鈴蘭屬(*Epipactis*)。

文珠蘭(屬) *Crinum* spp. 台灣維管束植物簡誌稱「文珠蘭」。

桔梗蘭(屬) *Dianella* spp.

白肋華胄蘭 *Hippeastrum reticulatum* cv. *Striatifolium* 孤挺花屬

蔥蘭(屬) *Zephyranthes* spp. 在蔥蘭屬(*Zephyranthes*)裡面，細葉的種類都會冠上「蔥蘭」，寬葉的就冠上「韭蘭」。

韭蘭 *Zephyranthes* spp.

蜘蛛蘭(屬) *Hymenocallis* spp. 又稱「螫蟹花」，蘭科也有大蜘蛛蘭屬(*Chiloschista*)和小蜘蛛蘭屬(*Taeniophyllum*)，另外花市有一種蘭科也稱「蜘蛛蘭」，屬於白拉索蘭屬(*Brassia*)。

嘉蘭(屬) *Gloriosa* spp.

大戟科

紅肉橙蘭 *Macaranga sinensis (Baill.) Muell.-Arg.* 血桐屬

龍舌蘭科

龍舌蘭(科)(屬) *Agavaceae*、*Agave* spp.

酒瓶蘭(屬) *Nolina* spp.

虎尾蘭(屬) *Sansevieria* spp.

王蘭(屬) *Yucca* spp.

鳶尾科

小蒼蘭(屬) *Freesia* spp. 也叫「香雪蘭」。

劍蘭(屬) *Gladiolus* spp. 早期稱「福蘭」。

觀音蘭(屬) *Tritonia* spp.

鴨跖草科

蚌蘭(屬) *Rhoeo* spp.

禾本科

八芝蘭竹 *Bambusa pachinensis Hayata* 蓬萊竹屬

十字花科

紫羅蘭 *Matthiola incana* R. Br. 花市很多開紫色或藍色花的植物都被冠上「紫羅蘭」的名稱，但是真正的「紫羅蘭」是十字花科的這一種。

仙人掌科

螃蟹蘭 市面上稱的「螃蟹蘭」其實包含了：蟹足花屬(*Schlumbergera*)和假蟹足花屬(*Rhipsalidopsis*)。

金粟蘭科

紅果金粟蘭 *Sarcandra glabra (Thunb.) Nakai* 台灣維管束植物簡誌稱「草珊瑚」，也有別稱為「接骨木」。

附錄3

有味道的野生蘭

傘花捲瓣蘭 ....帶腥味的淡香
尾唇根節蘭 ....辛辣香
黃根節蘭 ....宜人香味
三板根節蘭 ....濃香
白花肖頭蕊蘭 ....淡香
綠花肖頭蕊蘭 ....風信子般的濃香
馬鞭蘭 ....淡香
建蘭 ....芳香
九華蘭 ....清香
春蘭 ....清香
寒蘭 ....清香
報歲蘭 ....帶刺激性香味
金草蘭 ....柔香
鴿石斛 ....濃香
新竹石斛 ....濃香
櫻石斛 ....淡香
白石斛 ....香水味或果香
倒吊蘭（黃吊蘭） ....淡香
黃絨蘭 ....淡香
大葉絨蘭 ....淡香
大腳筒蘭 ....淡魚腥味
樹絨蘭 ....野香
黃松蘭 ....淡香
香蘭 ....淡香或蟑螂味（夜間）
台灣金釵蘭 ....肉墊味
心葉葵蘭 ....香
細葉莪白蘭 ....魚腥味
粗莖鶴頂蘭 ....清香
豹紋蘭 ....野香
台灣風蘭 ....芳香
新竹風蘭 ....淡香
溪頭風蘭 ....淡香
短穗毛舌蘭 ....清香
管唇蘭（紅頭蘭） ....濃杏仁香
雅美萬帶蘭 ....芳香

花形索引

　蘭花的花形非常多樣，以下將本書第四章圖鑑所介紹的120種蘭花，依花朵型態上較突出的特徵，分成13種外觀型態；另外，有些花朵極小不易觀看，便以花序型態歸類；而數種難以歸類的花形，則放置於「其他」類。當讀者在野外遇見不認識的蘭科植物，可先比對它的花朵外觀，再依循以下16種外觀特徵尋找。

球狀花序　　長穗狀花序　　長腿形　　筒形　　花朵半張　　三尖形　　展翅形　　星形

喇叭形　　鞋形　　拖鞋形　　蝴蝶形　　蛾形　　人形　　蜘蛛形　　其他

球狀花序

竹葉根節蘭　P152　　黃繡球蘭　P103　　長穗狀花序　　烏來石仙桃　P184

長腳羊耳蒜　P93　　淡綠羊耳蒜　P94　　密花小騎士蘭　P170　　長葉根節蘭　P193　　高山粉蝶蘭　P213

黃穗蘭　P84　　廣葉軟葉蘭　P123　　凹唇軟葉蘭　P126　　長腿形　　鶴冠蘭　P190

烏來捲瓣蘭　P56	花蓮捲瓣蘭　P137	毛藥捲瓣蘭　P146	傘花捲瓣蘭　P148	黃花捲瓣蘭　P191
紫紋捲瓣蘭　P144	筒形	一葉罈花蘭　P120	台灣罈花蘭　P122	花朵半張
白及48	白花肖頭蕊蘭 70	細莖石斛 80	翹距根節蘭 150	羞花蘭 157
銀線蓮 202	扁球羊耳蒜 90	台灣根節蘭 62	連翹根節蘭 60	馬鞭蘭 156
禾草芋蘭 49	三尖形	厚唇粉蝶蘭　P212	小豆蘭　P142	狹萼豆蘭　P143
鳥嘴蓮　P163	展翅形	阿里山根節蘭　P194	黃根節蘭　P154	長距根節蘭　P64

新竹石斛 P160

反捲根節蘭 P196

星形

大腳筒蘭 P86

木斛 P87

白石斛 P199

南湖山蘭 P180

紋星蘭 P113

雅美萬代蘭 P111

綠花肖頭蕊蘭 P71

烏來閉口蘭 P 75

台灣凡尼蘭 P110

蜘蛛蘭 P116

細花根節蘭 P153

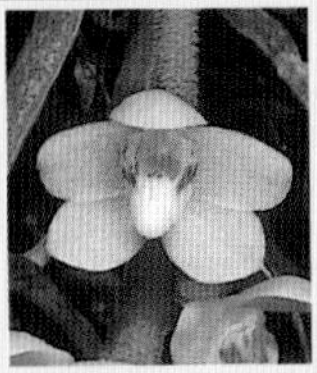
大蜘蛛蘭 P72

黃花石斛 P83

黃絨蘭 P85

黃松蘭 P88

倒吊蘭 P114

臘著頦蘭 P161

小腳筒蘭 P162

紫苞舌蘭 P50

鹿角蘭 P134

紅花石斛 P82

恆春羊耳蒜 P92

虎紋蘭 P74

心葉葵蘭 P99

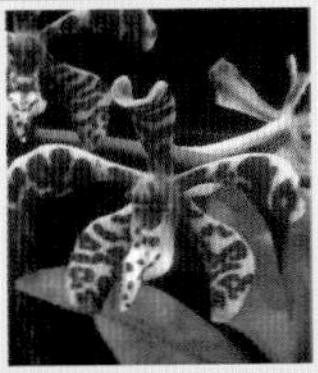
豹紋蘭 P104

尾唇根節蘭 P149

黃唇蘭 P198

三板根節蘭　P208	喇叭形	粗莖鶴頂蘭　P100	阿里山豆蘭　P192	黃鶴頂蘭　P182
金草蘭　P158	溪頭豆蘭　P140	紅鶴頂蘭　P127	綬草　P51	葦草蘭　P47
細莖鶴頂蘭　P181	櫻石斛　P81	台灣一葉蘭　P185	鞋形	紅檜松蘭　P201
何氏松蘭　P211	黃萼捲瓣蘭　P145	大花豆蘭　P57	白毛捲瓣蘭　P138	瘤唇捲瓣蘭　P55
拖鞋形	台灣松蘭　P166	小喜普鞋蘭　P209	紅斑松蘭　P168	緣毛松蘭　P164
台灣喜普鞋蘭　P210	蝴蝶形	白蝴蝶蘭　P101	桃紅蝴蝶蘭　P102	寬唇苞葉蘭　P136

蛾形

台灣風蘭　　　P106

異色風蘭　　　P108

短穗毛舌蘭　　P109

金唇風蘭　　　P118

溪頭風蘭　　　P204

新竹風蘭　　　P203

人形

細點根節蘭　　P58

白鶴蘭　　　　P66

長距白鶴蘭　　P68

蜘蛛形

一葉羊耳蒜　　P89

小花羊耳蒜　　P176

心葉羊耳蒜　　P174

長葉羊耳蒜　　P178

插天山羊耳蒜　P124

長穗羊耳蒜　　P177

滿綠隱柱蘭　　P76

蓬萊隱柱蘭　　P78

寶島羊耳蒜　　P95

大花羊耳蒜　　P96

其他

台灣金線蓮　　P132

撬唇蘭　　　　P172

長距石斛　　　P79

金釵蘭　　　　P98

台灣金釵蘭　　P179

合歡松蘭　　　P200

香蘭　　　　　P169

中名索引

學名索引

致謝

　　本書得以完成，感謝植物學界及蘭界先進提供寶貴的資訊與見解。特別感謝中央研究院研究員彭鏡毅博士熱心相待，允許我們參觀院內的臺灣野生蘭收藏及珍貴的生態幻燈片，引介院內的植物標本館，最後並贈送其所擁有的2000年新版臺灣植物誌第二版第五卷（內含蘭科植物），由於這本大作，使晚輩獲得最新的臺灣蘭科全貌。感激台大梅峰山地試驗林場前任副場長蔡牧起先生與現任組長李美玲女士屢次熱誠招待，全力配合我們觀察與拍攝場內栽培的臺灣野生蘭，使本書內涵益增充實。非常感謝農委會特有生物研究保育中心賴國祥博士提供難得的高山野生蘭幻燈片，並贈予多冊其本人所著的合歡山的彩色精靈植物解說圖鑑，使作者得以如入實境般地體驗高山野花之美，對於高山蘭花的生態，更增一層瞭解。

　　感謝愛蘭同好們提供精美的幻燈片、獻出寶貝的珍藏與賞蘭的經驗，使作者的視野更加寬廣，在此致上謝意，茲按姓名筆劃列名如下：

何富順　吳向中　林信雄　姚正得　張良如　黃裕凱　陳宥蓁　劉厚智　廖世華

廖國藩　鄭榮恩　謝振榮

參考文獻

台灣的野生蘭　蘇鴻傑　1974　豐年社
台灣蘭科植物（一）　林讚標　1975　南天書局
台灣蘭科植物（二）　林讚標　1977　南天書局
台灣蘭科植物（三）　林讚標　1987　南天書局
台灣蘭圖鑑　地生蘭篇　周鎮　1986　周鎮
台灣蘭圖鑑　附生蘭篇　周鎮　1986　周鎮
最新野生蘭　梅田衛等　1987　全科新企劃出版社
大自然第22期　台灣野生蘭花專輯　林讚標　1989　自然生態保育協會
台灣蘭科綬草亞科之系統分類學研究　柳重勝　1991　柳重勝
台灣地區植物紅皮書　賴明洲　1991　輔仁大學景觀設計系
台灣穗華杉植群生態的研究　楊勝任　1996　楊勝任
台灣蘭科植物彩色圖誌　應紹舜　1996　應紹舜
野生蘭（1）　林維明　1997　渡假出版社
台灣野花365天　春夏篇　張碧員等　1997　大樹文化出版
台灣野花365天　秋冬篇　張碧員等　1997　大樹文化出版
台灣的稀有植物　徐國士等　1998　渡假出版社
台灣植物圖鑑（下）　鄭武燦　2000　國立編譯館
台灣蘭科小蝶蘭與雛蘭屬之分類訂正　陳智眞　2000　陳智眞
台灣產雙葉蘭屬植物之分類訂正　胡嘉穎　2000　胡嘉穎
野地繽紛　廖東坤　2000　人人月曆股份有限公司
瑞岩溪自然保護區植物簡介（二）　蔡碧麗等　2000　林務局南投林管處
合歡山的彩色精靈：植物解說圖鑑　賴國祥　2000　特有生物研究保育中心
達觀山自然教育解說圖鑑　歐辰雄　2000　林務局新竹林管處
Flora of Taiwan, Second Edition, Volumn Five　國科會　2000　國科會
台灣維管束植物簡誌（第五卷）　林讚標等　2001　行政院農委會
台灣蘭科松蘭屬植物之分類訂正　劉景國　2002　劉景國
台灣蘭科玉鳳蘭亞科之分類訂正　吳俊奇　2002　吳俊奇

大樹經典
自然圖鑑系列
03

台灣野生蘭
A Field Guide To Wild Orchids Of Taiwan (Vol.1)
賞蘭大圖鑑（上）

◎出版者／遠見天下文化出版股份有限公司

◎創辦人／高希均、王力行

◎遠見‧天下文化‧事業群 董事長／高希均

◎事業群發行人／CEO／王力行

◎版權部協理／張紫蘭

◎法律顧問／理律法律事務所陳長文律師　◎著作權顧問／魏啟翔律師

◎社址／台北市 104 松江路 93 巷 1 號 2 樓

◎讀者服務專線／（02）2662-0012　◎傳真／（02）2662-0007；2662-0009

◎電子信箱／cwpc@cwgv.com.tw

◎直接郵撥帳號／1326703-6 號 遠見天下文化出版股份有限公司

◎作　　者／林維明

◎封面、扉頁繪圖／林松霖

◎編輯製作／大樹文化事業股份有限公司

◎網　　址／http://www.bigtrees.com.tw

◎總 編 輯／張蕙芬

◎內頁設計／徐　偉

◎封面設計／黃一峰

◎製版廠／黃立彩印工作室

◎印刷廠／立龍彩色印刷股份有限公司　◎裝訂廠／源太裝訂實業有限公司

◎登記證／局版台業字第 2517 號

◎總經銷／大和書報圖書股份有限公司 電話／（02）8990-2588

◎出版日期／2006 年 8 月 5 日第一版
　　　　　　2014 年 9 月 25 日第一版第 4 次印行

◎ ISBN-13：978-986-417-707-3　◎ ISBN-10：986-417-707-9

◎書號：BT1003　◎定價／690 元

BOOKZONE 天下文化書坊　http://www.bookzone.com.tw

國家圖書館出版品預行編目資料

台灣野生蘭賞蘭大圖鑑A Field Guide to Wild
Orchids of Taiwan╱林維明著. -- 第一版. --
臺北市：天下遠見, 2006[民95]冊；15×21 公
分. --（大樹經典自然圖鑑系列；3）
參考書目：面
含索引
ISBN 986-417-707-9（上冊：精裝）
1. 蘭花 — 台灣 — 圖錄
435.431024   95009694

A Field Guide To Wild Orchids Of Taiwan (Vol.1)